本书为"大数据商务智能福建省高校工程中心"建设项目阶段性成果。

大数据技术及其背景下的数据挖掘研究

◎吴春琼/著

中国水利水电出版社
www.waterpub.com.cn
·北京·

内 容 提 要

本书围绕大数据背景下的数据挖掘及应用问题，从大数据挖掘的基本概念入手，系统地阐述了大数据的基础理论、大数据处理架构 Hadoop 以及大数据存储与管理研究；由浅入深地论述了数据挖掘的基础理论、大数据挖掘技术研究、数据挖掘的艺术，并结合实践，阐述了数据挖掘的应用。

本书对于读者掌握大数据挖掘及应用领域的基本知识和进一步研究都具有参考价值。

图书在版编目（CIP）数据

大数据技术及其背景下的数据挖掘研究／吴春琼著
. -- 北京：中国水利水电出版社，2019.1（2022.9重印）
ISBN 978 - 7 - 5170 - 7469 - 4

Ⅰ．①大… Ⅱ．①吴… Ⅲ．①数据采集 — 研究　研究 Ⅳ．
①TP274

中国版本图书馆 CIP 数据核字（2019）第 031157 号

责任编辑：陈 洁　　　封面设计：王 伟

书　　名	**大数据技术及其背景下的数据挖掘研究** DASHUJU JISHU JI QI BEIJING XIA DE SHUJU WAJUE YANJIU
作　　者	吴春琼　著
出版发行	中国水利水电出版社 （北京市海淀区玉渊潭南路 1 号 D 座 100038） 网址：www. waterpub. com. cn E - mail：mchannel@ 263. net（万水） 　　　sales@ mwr.gov.cn 电话：（010）68545888（营销中心）、82562819（万水）
经　　售	全国各地新华书店和相关出版物销售网点
排　　版	北京万水电子信息有限公司
印　　刷	天津光之彩印刷有限公司
规　　格	170mm×240mm　16 开本　14.75 印张　216 千字
版　　次	2019年4月第1版　2022年9月第2次印刷
印　　数	3001-4001册
定　　价	64.00 元

前　言

随着大数据时代的来临，大数据分析与挖掘技术将具有越来越重要的战略意义，大数据已经渗透各个行业和企业的功能领域，逐渐成为一个重要的生产要素，大数据的使用将预示着生产率增长和消费者过剩的新一轮浪潮。大数据的分析和挖掘技术帮助企业用户在合理的时间内获取、管理、处理和组织海量数据，从而为企业经营决策提供积极的帮助，大数据分析和挖掘作为数据存储和挖掘分析技术，广泛应用于物联网、云计算、移动互联网等战略性新兴产业。虽然大数据在国内还处于初级阶段，但它的商业价值已经显现出来，尤其是大数据分析人才的实践经验是企业的热点资源。

数据挖掘是一个渐进的过程。在电子数据处理的早期阶段，人们试图通过一些方法来实现自动决策支持。当时，机器学习是人们注意力的焦点。机器学习的过程就是将一些已知的并已被成功解决的问题作为范例输入计算机，相应的软件通过学习这些范例总结并生成相应的规则，通常这些规则具有通用性，使用它们可以快速解决某一类的实际问题。随着神经网络技术的形成和发展，人们将注意力转向知识工程，知识工程不同于机器学习（向计算机输入范例，让它生成规则），而是直接给计算机输入已被代码化的规则，计算机通过使用这些规则来解决某些问题。

本书阐述了大数据基础理论，对大数据处理架构 Hadoop 系统、SPSS Modeler 系统进行了分析，论述了大数据存储与管理、数据挖掘基础理论、大数据挖掘技术，诠释了数据挖掘的艺术以及数据挖掘的应用。

本书在逻辑安排上循序渐进，由浅入深，内容丰富，信息量大，融入了大量本领域的新知识及新方法。在撰写本书的过程中，笔者借鉴了许多前人的研究成果，在此表示衷心的感谢！并衷心期望本书能为读者的学习生活以及工作实践带来帮助。由于笔者能力有限，书中难免会出现疏漏或不足之处，恳请各位专家及读者批评指正。

作者

2018 年 10 月

目　录

第一章　大数据基础理论研究

大数据时代悄然来临，带来了信息技术发展的巨大变革，并深刻影响着社会生产和人民生活的方方面面。全球范围内，世界各国政府均高度重视大数据技术的研究和产业发展，纷纷把大数据上升为国家战略加以重点推进。企业和学术机构纷纷加大技术、资金和人员投入力度，加强对大数据关键技术的研发与应用，以期在"第三次信息化浪潮"中占得先机、引领市场。大数据已经不是"镜中花、水中月"，它的影响力和作用力正迅速触及社会的每个角落，所到之处，或是颠覆，或是提升，都让人们深切感受到了大数据实实在在的威力。

对于一个国家而言，能否紧紧抓住大数据发展机遇，快速形成核心技术和应用参与新一轮的全球化竞争，将直接决定未来若干年世界范围内各国科技力量博弈的格局。大数据专业人才的培养是新一轮科技较量的基础，高等院校承担着大数据人才培养的重任，因此，各高等院校非常重视大数据课程的开设，大数据课程已经成为计算机科学与技术专业的重要核心课程。

本章首先综述大数据的发展历程、基本概念、主要影响、应用领域、关键技术、计算模式和产业发展，其后阐述云计算、物联网的概念及其与大数据之间的紧密关系。

第一节　大数据时代概述

第三次信息化浪潮涌动，大数据时代全面开启。迅猛发展的信息科技成为大数据时代来临的技术支持，数据信息产生方式的重大变化是推进大数据时代来临的主要因素。

一、第三次信息化浪潮

到目前为止，信息化建设共产生了 3 次浪潮，见表 1-1。

表 1-1 三次信息化浪潮

信息化浪潮	发生时间	标志	解决的问题	代表企业
第一次浪潮	1980 年前后	个人计算机	信息处理	Intel、AMD、IBM、苹果、微软、联想、戴尔、惠普等
第二次浪潮	1995 年前后	互联网	信息传输	雅虎、谷歌、阿里巴巴、百度、腾讯等
第三次浪潮	2010 年前后	物联网、云计算和大数据	信息爆炸	亚马逊、谷歌、IBM、VMWare、Palantir、Hortonworks、Cloudera、阿里云等

1980 年前后，个人计算机（PC）开始普及，使得计算机走入企业和千家万户，大大提高了社会生产力，也使人类迎来了第一次信息化浪潮，Intel、IBM、苹果、微软、联想等企业是这个时期的标志。随后，在 1995 年前后，人类开始全面进入互联网时代，互联网的普及把世界变成"地球村"，每个人都可以自由徜徉于信息的海洋，由此，人类迎来了第二次信息化浪潮，这个时期也缔造了雅虎、谷歌、阿里巴巴、百度等互联网巨头。时隔 15 年，在 2010 年前后，云计算、大数据、物联网的快速发展，拉开了第三次信息化浪潮的大幕，大数据时代已经到来，也必将涌现出一批新的市场标杆企业。

二、信息科技的进步是大数据时代的技术支撑

信息科技需要解决信息存储、信息传输和信息处理 3 个核心问题，人类社会在信息科技领域的不断进步，为大数据时代的到来提供了技术支撑。

（一）存储设备容量的增加促进了数据量的增加

数据被存储在磁盘、磁带、光盘、闪存等各种类型的存储介质中，随着科学技术的不断进步，存储设备的制造工艺不断升级，容量大幅

增加，速度不断提升，价格却在不断下降。

早期的存储设备容量小、价格高、体积大，例如，IBM 在 1956 年生产的一个早期商业硬盘，容量只有 5MB，不仅价格昂贵，而且体积有一个冰箱那么大，如图 1-1 所示。

图 1-1　IBM 在 1956 年生产的一个早期商业硬盘

相反，今天容量为 1TB 的硬盘，大小只有 3.5 英寸（约 8.89cm），读写速度达到 200MB/s，价格仅为 400 元左右。廉价、高性能的硬盘存储设备，不仅提供了海量的存储空间，同时大大降低了数据存储成本。

与此同时，以闪存为代表的新型存储介质也开始得到大规模的普及和应用。闪存是一种新兴的半导体存储器，从 1989 年诞生第一款闪存产品开始，闪存技术不断获得新的突破，并逐渐在计算机存储产品市场中确立了自己的重要地位。闪存是一种非易失性存储器，即使发生断电也不会丢失数据；因此，可以作为永久性存储设备，它具有体积小、质量轻、能耗低、抗振性好等优良特性。

闪存芯片可以被封装制作成 SD 卡、U 盘和固态盘等各种存储产品，SD 卡和 U 盘主要用于个人数据存储，固态盘则越来越多地应用于企业级数据存储。一个 32GB 的 SD 卡，体积只有 24 mm × 32 mm × 2.1 mm，质量只有 0.5g。以前 7200 r/min 的硬盘，一秒钟读写次数只有 100 IOPS（Input/Output Operations Per Second），传输速率只有 50 MB/s，而现在基于闪存的固态盘，每秒钟读写次数有几万甚至更高的 IOPS，访问延迟只有几十微秒，允许人们以更快的速度读写数据。

总体而言，数据量和存储设备容量二者之间是相辅相成、互相促进的。一方面，随着数据的不断产生，需要存储的数据量不断增加，对存储设备的容量提出了更高的要求，促使存储设备生产商制造更大容量的产品满足市场需求；另一方面，更大容量的存储设备进一步加快了数据量增长的速度，在存储设备价格高企的年代，由于考虑到成本问题，一些不必要或当前不能明显体现价值的数据往往会被丢弃。但是，随着单位存储空间价格的不断降低，人们开始倾向于把更多的数据保存起来，以期在未来某个时刻可以用更先进的数据分析工具从中挖掘价值。

（二）CPU 不断提升的性能提高了处理数据的能力

CPU 处理速度的不断提升也是促使数据量不断增加的重要因素。性能不断提升的 CPU，大大提高了处理数据的能力，使得人们可以更快地处理不断累积的海量数据。从 20 世纪 80 年代至今，CPU 的制造工艺不断提升，晶体管数量不断增加，运行频率不断提高，核心（core）数量逐渐增多，而同等价格所能获得的 CPU 处理能力也呈几何级数上升。在 30 多年里，CPU 的处理速度已经从 10 MHz 提高到 3.6 GHz，在 2013 年之前的很长一段时期，CPU 处理速度的增加一直遵循"摩尔定律"，性能每隔 18 个月提高一倍，价格下降一半。

（三）网络带宽的增加促进了大数据时代的信息传输

1977 年，世界上第一条光纤通信系统在美国芝加哥市投入商用，数据传输速率为 45 Mbit/s，从此，人类社会的信息传输速度不断被刷新。进入 21 世纪，世界各国更是纷纷加大宽带网络建设力度，不断扩大网络覆盖范围和传输速度。移动通信宽带网络迅速发展，3G 网络基本普及，4G 网络覆盖范围不断加大，各种终端设备可以随时随地传输数据。大数据时代，信息传输不再遭遇网络发展初期的瓶颈和制约。

三、数据产生方式的变革对大数据时代来临的促进作用

数据是人们通过观察、试验或计算得出的结果。数据和信息是两个不同的概念。信息是较为宏观的概念，它由数据的有序排列组合而成，传达给读者某个概念方法等；而数据则是构成信息的基本单位，离散的数据没有任何实用价值。

数据有很多种，比如数字、文字、图像、声音等。随着人类社会信息化进程的加快，人们在日常生活和生产中每天都会产生大量的数据，比如商业网站、政务系统、零售系统、办公系统、自动化生产系统等，数据随着分秒源源不断地出现。如今数据在各行各业和任何工作范围内都会产生，是决定生产过程和企业获取核心竞争力的关键要素。数据资源是国家和社会持续安全发展的重要影响因子，和物质资源、人力资源一样是国家拥有的重要战略资源，因此，数据也被称为"未来的石油"。

数据产生方式的变革，是推进大数据时代来临的主要因素。数据大体经过了运营式系统、用户原创内容和感知式系统三个阶梯过程的产生方式。

（一）数据产生的运营式系统阶段

人类社会最早大规模管理和使用数据，是从数据库的诞生开始的。大型零售超市销售系统、银行交易系统、股市交易系统、医院医疗系统、企业客户管理系统等大量运营式系统，都是建立在数据库基础之上的，数据库中保存了大量结构化的企业关键信息，用来满足企业各种业务需求。

在这个阶段，数据的产生方式是被动的，只有当实际的企业业务发生时，才会产生新的记录并存入数据库。比如，对于股市交易系统而言，只有当发生一笔股票交易时，才会有相关记录生成。

（二）数据产生的用户原创内容阶段

互联网的出现，使得数据传播更加快捷，不需要借助于磁盘、磁带等物理存储介质传播数据，网页的出现进一步加速了大量网络内容的产生，从而使得人类社会数据量开始呈现"井喷式"增长。但是，互联网真正的数据爆发产生于以"用户原创内容"为特征的 Web 2.0 时代。Web 1.0 时代主要以门户网站为代表，强调内容的组织与提供，大量上网用户本身并不参与内容的产生。而 Web 2.0 技术以 Wiki、博客、微博、微信等自服务模式为主，强调自服务，大量上网用户本身就是内容的生成者，尤其是随着移动互联网和智能手机终端的普及，人们更是可以随时随地使用手机发微博、传照片，数据量开始急剧增加。

（三）数据产生的感知式系统阶段

物联网的发展最终导致了人类社会数据量的第三次跃升。物联网中包含大量传感器，如温度传感器、湿度传感器、压力传感器、位移传感器、光电传感器等，此外，视频监控摄像头也是物联网的重要组成部分。物联网中的这些设备，每时每刻都在自动产生大量数据，与 Web 2.0 时代的人工数据产生方式相比，物联网中的自动数据产生方式，将在短时间内生成更密集、更大量的数据，使得人类社会迅速步入"大数据时代"。

四、大数据的发展历程

大数据的发展历程总体上可以划分为 3 个重要阶段：萌芽期、成熟期和大规模应用期（表 1-2）。

表 1-2 大数据发展的 3 个时段

进程	时间	详情
第一阶段：萌芽期	1990—2000 年	产生商业智能工具和知识管理的信息技术、知识管理工具和知识管理软件。例如数据仓库、专家系统、知识管理系统开始被应用于市场，说明了数据挖掘理论和数据库技术开始出现
第二阶段：成熟期	2000—2010 年	用传统的方法应对 Web 2.0 应用的迅猛发展非常困难。随着非结构化数据巨量出现，大数据技术开始快速突破，其解决方案也越趋成熟，计算与分布式系统两大技术开始形成，谷歌的 GPS 和 MapReduce 反响强烈，Hadoop 平台也开始广泛应用
第三阶段：大规模应用期	2010 年以后	大数据推进精准决策，社会中各个领域的发展已经离不开大数据。大数据的大规模应用进一步提高了信息社会的智能化

下面是对大数据发展历程的简要回顾。

（1）全世界极具权威的未来学家有学者在 20 世纪 80 年代就曾提出大数据是"第三次浪潮的华彩乐章"，其著作《第三次浪潮》中对于大数据的赞扬引起世界各国学者的广泛关注和热烈讨论。

（2）发表在美国计算机学会的数字图书馆的文章提及"大数据"一词。这是迈克尔·考克斯和大卫·埃尔斯沃思在第八届美国电气和电子工程师协会（IEEE）上提出的，并于 1997 年 10 月发表了《为外存模型可视化而应用控制程序请求页面调度》，对大数据技术展开了进一步佐证和阐述。

（3）1999 年 10 月，在美国电气和电子工程师协会关于可视化的年会上，设置了名为"自动化或者交互：什么更适合大数据？"的专题讨论小组，探讨大数据问题。

（4）2001 年 2 月，梅塔集团分析师道格·莱尼发布题为《3D 数据管理：控制数据容量、处理速度及数据种类》的研究报告。10 年后，"3V"（Volume、Variety 和 Velocity）作为定义大数据的 3 个维度而被广泛接受。

（5）2005 年 9 月，蒂姆·奥莱利发表了《什么是 Web2.0》一文，并在文中指出"数据将是下一项技术核心"。

（6）2008 年，《自然》杂志推出大数据专刊。同时计算社区联盟（Computing Community Consortium）发表文章《大数据计算：在商业、科学和社会领域的革命性突破》，文章中阐述了大数据技术及其面临的一些挑战。

（7）2010 年 2 月，肯尼斯·库克尔在《经济学人》上发表了一份关于管理信息的特别报告《数据，无所不在的数据》。

（8）2011 年 2 月，《科学》杂志推出专刊《处理数据》，讨论了科学研究中的大数据问题。

（9）2011 年，维克托·迈尔·舍恩伯格出版著作《大数据时代：生活、工作与思维的大变革》，引起轰动。

（10）2011 年 5 月，"大数据时代到来"这一概念被提出。麦肯锡全球研究院在文章《大数据：下一个具有创新力、竞争力与生产力的前沿领域》中阐述了这一概念。

（11）2012 年 3 月，美国政府在推出信息高速公路计划之后为进一步适应社会的高速发展，继而发布"大数据发展计划"这一项国家发展战略。在《大数据研究和发展倡议》中，美国政府详尽说明了这一举措的必要性和重要意义。

（12）2013 年 12 月，中国计算机学会发布《中国大数据技术与产业发展白皮书》，系统总结了大数据的核心科学与技术问题，推动了我国大数据学科的建设与发展，并为政府部门提供了战略性的意见与建议。

（13）2014 年 5 月，美国政府发布 2014 年全球"大数据"白皮书《大数据：抓住机遇、守护价值》，报告鼓励使用数据来推动社会进步。

（14）2015 年 8 月，国务院印发《促进大数据发展行动纲要》，全面推进我国大数据发展和应用，加快建设数据强国。

（15）2016 年 5 月，工信部在"2016 大数据产业峰会"上透露，我国将制定出台大数据产业"十三五"发展规划，有力地推进了我国大数据技术创新和产业发展。

（16）2017 年 11 月，我国首个由行业主管协会起草的大数据人才培养发展方向的通识性标准——《中国大数据人才培养体系标准》正式发布，预示着中国评定大数据人才的核心标准转向是否能够综合使用工具为企业或客户创造商业价值。

（17）2018 年 1 月，今日头条大数据公布"中国"成为 2017 年度标题常用字。

第二节　大数据的概念及内涵研究

随着互联网的普及与发展，世界迎来了数据爆炸的时代。来自企业、互联网以及日常生活的数据日积月累，形成了巨大的数据海洋。比如，在常见的商业活动中，能产生各种销售记录、公司业绩、股票交易等；在通信行业中，能产生全球通信网数据、搜索引擎数据、社交网络数据等。这些数据的爆发式增长以及其巨大的潜在价值引起了各界的广泛关注，也让大数据的分析与挖掘前景呈现出生机勃勃的景象。那么，具体来说，什么是大数据？它来自哪里？它有什么特点？它将对企业的业务和营销带来什么影响？

一、大数据的概念

不同领域的组织和专家对大数据的理解略有不同，但其内在的价值却得到了一致的肯定。"大数据"这一概念的提出并不早，从 2009 年提出至今，人们对它的认知都还不够全面，处于探索阶段。要想充分挖掘出数据中的价值和知识并为人们所用，了解大数据的基本概念、把握大数据的特征及类型、理解大数据与信息知识的内在联系是最基本的工作。

（一）认识大数据

大数据到底该怎样定义呢？维基百科给出了这样的定义，大数据是一种人工在合理时限内无法处理整合的规模巨大的抽象信息。数据规模如此之大，以至于人类没有办法完成对其进行精准的科学活动。

从宏观角度上来看，连接物理世界、信息空间和人类社会的纽带就是大数据。因为物理世界通过互联网、物联网等技术实现了在信息空间的大数据反映，而人类社会则借助人机界面、脑机界面、移动互联等手段在信息空间中产生自己的大数据映像。从信息产业的角度来讲，大数据还是新一代信息技术产业的强劲推动力。

"大数据"一词从2009年提出以来，在互联网IT行业逐渐流行，但仍然没有严谨的定义，这也说明这一概念在数据分析行业具有无限的发展空间，以及无穷的潜在价值。

（二）大数据的来源

随着新一代信息技术的飞速发展和广泛应用，其中互联网、移动互联网、社交网络等技术的迅猛发展带领世界进入了一个大数据的时代。下面从几个方面阐述大数据的来源 ①。

1. 来自数据库

从企业的角度来看，企业内部的管理系统，比如企业资源计划（ERP）系统、办公自动化（OA）系统、客户关系管理（CRM）系统等，其产生的数据通过多年的积累和沉淀形成企业内部数据，这些数据在企业决策方面具有重要作用。从传统数据库角度来看，业务系统的运行伴随着数据的产生，数据库便是这些数据的"容器"。

2. 来自物联网

根据维基百科，物联网（The Internet of Things）是一个基于互联网、传统电信网等信息的承载体，让所有能够被独立寻址的普通物理对象实现互联互通的网络。随着传感器、视频以及各种智能设备的发

① 赵刚. 大数据技术与应用实践［M］. 北京：电子工业出版社，2013：14-16.

展，其产生的数据是极其庞大的，并且数据的生成方式也有了根本性的不同。

3. 来自移动互联网

智能手机的普及使移动互联网占据了人们生活极其重要的一部分，人们通过手机等移动终端获取社会资讯、与其他用户进行交互，随时随地生产数据流量。到 2014 年 1 月为止，移动互联网用户总数达到 8.38 亿人；移动互联网同比增长了 46.9%，接入流量高达 1.33 亿 GB；人口户均的移动互联网接入流量直冲 165.1MB，手机上网流量的比重更是提升到 80.8%。工信部数据显示移动互联网在互联网中有着举足轻重的地位，而其迅猛的发展趋势也让更多人参与到数据的生产中来。

4. 来自 Web

在 Web 1.0 时代，网站服务商提供了大部分 Web 内容。Web 2.0 的发展与盛行带来了数据的爆发性增长，用户通过网页交互大量参与、贡献 Web 内容，人们从使用数据摇身一变成为数据的生产者。国内的新浪微博、淘宝网、百度，国外的 Facebook、Twitter 等都是集中的数据产生地，每时每刻都有大量的新数据产生。

（三）大数据技术概述

大数据科学，顾名思义就是寻找快速发展和运营的网络的规律，并且将其应用于验证大数据和人类社会之间复杂的关系。大数据工程是通过规划来建设大数据并进行运营管理整个系统的科学。大数据应用主要体现在业务需求方面。而在此之前，大数据需要对包括大规模并行处理（MPP）数据库、分布式文件系统、数据挖掘电网、云计算平台、分布式数据库、互联网和可扩展的存储系统的数据进行有效处理和精准分析。以上大数据科学、大数据工程和大数据应用便是而今主要的大数据技术。

现在用于大数据分析的工具主要包括 Hadoop HDFS、Hadoop MapReduce、HBase 等的开源大数据和一体机数据库、数据仓库及数据集市在内的商用生态圈。由于大型数据集分析需要大量计算机持续高效分配工作，而大量非结构化数据需要大量时间和金钱来处理分析关系型数据库，因此大数据分析和云计算经常被同时提及。和传统的大数据不同的是，现在的大数据分析存在数据仓库数据量大、查询分析复杂等问题。目前大数据分析倾向于把时间作为主要的处理要求，流处理和批处理是两种常见的处理方式。流处理被广泛应用于在线数据，一般而言都是运行在秒或毫秒级别的。其技术已经比较成熟了——比如 Storm、S4 和 Kafka 这种具有代表性的开源系统——流处理会在最快时间内处理得到的数据并且分析、导出精准科学的结果，它的处理重点是假设数据的潜在价值所相关的数据的新鲜度。数据连续地被传送而来，流携带了巨量的数据，其中只有相当小的部分被保存在十分有限的内存中。而批处理通俗来讲就是数据先被储存再被分析。其中 MapReduce 就是其中具有重要意义的批处理模型。数据先被分成若干小数据块（chunks），接着并行处理，且以分布的方式得出中间结果，最后被合并产生最终结果。由于简单高效，MapReduce 被大规模应用在生物信息、Web 挖掘和机器学习中。以上两种不同的处理方式的差异，直接导致了相关平台在结构上的不同。

多媒体数据分析、结构化数据分析、文本分析、社交网络数据分析 Web 数据分析和移动数据分析等，是倾向于从数据生命周期、数据源、数据特性等方面进行总结，并比较核心的数据分析方法。企业可以针对自身的需求来采用某种数据分析方法来分析自身拥有的数据，从数据中发现问题，如产品设计问题、运营策略问题、战略规划问题。

1. 多媒体数据分析方法

现阶段的多媒体数据分析能分析出多媒体数据中蕴含的语义信息，并从规模巨大的多媒体数据中提炼出有趣的知识。大数据的来源非常丰富，其不再仅限于以往所知的图像数据，还来源于各种可以产生丰富的图像、视频、语音数据的智能设备。除此之外，还有在现实生活中的各种监控摄像设备、医疗图像设备、物联网传感设备、卫星等都能产生大量的图像、视频信息。提取多媒体数据绝非易事，要从这些量级不可估算的数据中提取出精准有效的信息比许多领域的纯文本信息或者构造来源单一的数据更有挑战性。提取过程中要避免语义分歧，从而获取精准数据。以新浪微博为例，用户的微博含有大量的图片、视频等链接，它们即被体现在被大量关注和转发的微博上。而用户对于纯文本的微博信息关注程度低于含有图片、视频信息的微博信息。再者，目前微信的使用量居高不下，越来越多的使用者以语音作为信息载体，改变了以往以纯文本的形式进行社交的方式，使得微信的应用具有一定的竞争优势。比如，经常能在街上看见用微信来与好友对话的人，微信的语音应用之广可见一斑。为此，多媒体的摘要、推荐、时间检测、标注都应予以重视，它们暗含丰富的信息，无一不表明多媒体数据覆盖的巨大范围和广阔区域。

2. 结构化数据分析方法

当前而言，绝大多数的机器学习算法还是依赖于用户涉及的数据表达和输入。结合了表达学习（Representation Learning）、学习等多个不同级别的抽象的深度学习则能够处理这种复杂的高级任务，在近年来逐渐成为研究分析的热点。科学研究和商业上不断有巨量的应用成熟的 RDBMS、数据仓库、OLAP 和 BPM 的结构化数据产生。而处理这些巨量数据就是用上面提到的数据挖掘和统计分析。

3. 文本分析方法

文本分析比结构化数据有更高的商业潜力。因为诸如文档、网页、邮件和社交网络等都是以一种文本数据为载体的，是信息储存最常见的模式。文本分析即是文本挖掘（Text Mining），其旨在从无结构的文本中提取有效信息和特定知识。文本挖掘并非单独存在，它是一个横跨多种领域的过程，囊括了检索信息、机器学习、统计、计算语言和挖掘数据等知识领域。挖掘文本很大一部分都是基于表达文本和处理自然语言（NLP）的。搜索引擎的基础为开发矢量空间、布尔检索和概率检索模型，而文档表示就是这些模型的开发展示。NLP 技术帮助计算机使用词汇识别、语义释疑、词性标注和概率等方法来分析、理解甚至产生新的文本，同时还能够使文本的可用信息增加。在以上方法的基础上，计算机还能在 NPL 的帮助下进行信息提取、主题建模、摘要、分类、聚类、问答系统和观点挖掘等文本分析。

4. 社交网络数据分析方法

无限的商机可从对社交网络的大数据分析得来。社交网络在一定程度上反映了目标用户的消费能力、消费偏好、购买需求，甚至还可以得知竞争对手的应对策略。通过对这些大数据的精准分析，可以揭开藏在其后的预测结果。深刻分析社交网络中所包含的广泛的联系和具体的内容数据，不仅能推动企业发展，更让企业有高度警惕，使企业能够通过数据决策分析赢得危机应对的反应时间和空间。网络实体间的联系可以通过其中的联系数据来得出，文本、图像和其他多媒体数据都是其重要数据内容。

后续章节将依托社交网络来进行未来预测和数据分析。为了更好地服务于高速化发展的时代和快速定位需求偏好，合理地应用社交网络这个最具有效力的工具是现代社交经济的重点。为了提高精准定位需求，企业也倾向于以社交网络为中介来了解客户群的偏好，从而为客户群开发出更加精准的营销体系。所以，从数据核心的分析来看，基于联系的结构分析和基于内容的分析就是社交网络的中心研究目标。

5. Web 数据分析方法

对于互联网企业来说，精通数据分析技术、精通如何监测和测量数据标准，是一个企业运营的核心技术。Web 的应用涉及数据、信息检索、NLP 和挖掘文本等技术方法。Web 能自动搜索 Web 文档和服务中的信息，具体可分为内容、结构和用法挖掘（Web Usage Mining）。

6. 移动数据分析方法

随着信息技术的高速发展，移动计算的普及和使用有了更深广的应用。手机、平板电脑、笔记本电脑、POS 机、传感器、车载电脑和RFI 等，都是可以完成较为复杂的处理任务的移动终端。而移动终端在移动办公、移动执法、通信、保险等领域的优势与地位已经不容置疑。移动应用是移动互联网的重要载体之一。移动应用的数据分析是指在获得移动应用的用户信息、用户使用等基本数据情况下，进行数据分析，深入挖掘用户的使用特点和潜在的价值，从而找到企业产品设计的不足，发现机遇，优化产品及营运策略，提升移动应用的质量。如图 1-2 所示，体现了移动数据分析的意义。

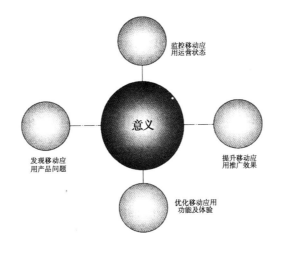

图 1-2 移动数据分析的意义

移动数据分析的思路不是一开始就具有成熟模式的。最初，研究者对移动数据分析的研究无从着手，经由一步一步地研究测试之后，逐渐开发出移动数据分析的有效应用，这也是由基础数据分析到深度数据分析的演化过程。基础数据分析包括用户的新增和启动、活跃分析、时段分析、地域分析、设备机型等；深度数据分析包括用户留存、用户的流失、用户的生命周期、用户的回访次数、日启动次数等。可以说移动数据分析的流程就是一个发现问题、分析问题和解决问题的过程，这与其他大数据分析方法的流程一样。在做移动数据分析之前，必须想好 3 个问题，如图 1-3 所示。移动数据分析必须达到移动应用和产品、运营、市场三者平衡，如图 1-4 所示。据统计，2012 年底移动数据流量每月可高达 885PB。全球的数据正经历着一场前所未有的爆炸性的增长。大数据时代所谓的 PB 是一个恐怖的存储概念。通俗的方式来讲，800 个人的记忆才相当于一个 PB。巨量的需求要求移动分析必须超前这种需求量和负载量。但是一方面，这种巨大存储和处理需求还未解决，另一方面移动数据特性又带来数据处理的挑战——如移动感知、活动敏感性、噪声和冗余，这些应用的数据处理还未能得到很好的解决。目前移动数据分析技术还远未成熟。

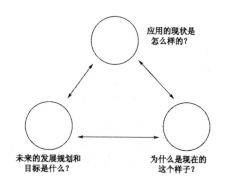

图 1-3　移动数据分析的 3 个问题

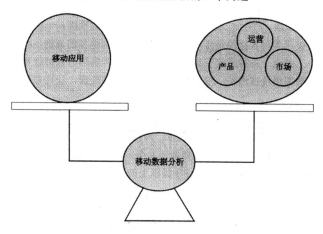

图 1-4　移动数据分析的平衡

　　移动数据分析的核心是预测。在过去，如果遇到无法用科学解释的事，人们通常把它归类为一个偶然事件，不再深究，并将此类问题抛诸脑后。塔勒布曾在其著作《黑天鹅》中提出，人类的行为都是随机的小概率事件。现在学术界的观念发生了改变。全球复杂网络研究权威，无尺度网络的创立者艾伯特—拉斯洛·巴拉巴西在其作品《爆发》中认定：人类的行为并不是小概率事件，其 93% 的行为是可以预测得出的。这项研究的基础就立足于人类生活数字化的大数据时代，人类的行为模式在电子邮件和他所拨打的每一通电话、打开的每一个网页中都是有迹可循的。这些信息社会的产物，让人类生活不再是杂乱无章的随机行为，而是数据统计规律中的一部分。换句话说，社会中的每个人都是构成这个信息化社会的巨大数据库的一个信息簇。而科学、技术、数据都能为人们的下一步行动所服务，或者说这些大数据都是为了人类的未来而产生的。

综上几种对大数据的分析方法，数据分析的最终目标都是找出数据背后隐藏的规律，通过该规律的应用来实施企业的运营策略以及对已有的产品做出一定的定量分析，更可以据此预测出未来市场的变化趋势。

（四）大数据特征的分析

大数据具有 4 个典型的特征，即通常说的 4 个 V——Volume、Variety、Velocity、Value①。从技术研究和开发的角度来看，Volume、Variety、Velocity 这 3 个特征是大数据的根本特点；从商业应用的角度来看，Value 才是大数据的核心和关键。大数据的"4V"特征表明了数据量巨大的基本特性，同时也指出了对于大数据的分析会更加复杂、更加追求速度和更加注重实效。

1. 庞大的数据量（Volume）

数据量巨大是大数据和传统数据最显著的区别，它不仅指数据需要的存储空间大，也指数据的计算量巨大，通常可以达到 PB 级以上的计量，而一般数据的数据量在 TB 级。产生这么巨大的数据量有多方面的原因：一是由于技术的发展，人们会使用各种各样的设备，使人们能够了解到更多的事物，而这些数据都可以保存；二是由于各种通信工具的使用，使人们能够随时保持联系，这就使得人们交流产生的数据量快速增长；三是由于集成电路价格低廉，极大地促进了集成电路的应用发展，让许多设备都有智能的成分。

数据量的大小间接体现了大数据技术处理数据的能力。数据的基本单位是字节（Byte）。对于传统企业来说，数据量一般在 TB 级，而对于一些大型企业，比如大型搜索引擎百度、谷歌、新浪微博以及淘宝网等数据量则达到 PB 级。目前的大数据技术处理的数量级一般指 PB 级以上的数据。

---

① 维基百科. 大数据［EB/OL］. http：//zh. wikipedia. org/wiki/大数据，2014 - 08 - 08.

2. 多样化的数据类型（Variety）

大数据拥有多种多样的数据类型，既可以是单一的文本形式或结构化的表单，也可以是半结构化的数据或非结构化的数据，比如语音、图像、视频、地理位置信息、网络日志、订单等。

结构化的数据便于人和计算机对信息进行存储、处理和查询，在结构化的过程中，直接抽取了有价值的信息，而对于新增数据可以用固定的技术进行处理。存储和处理非结构数据是相当麻烦的，因为在存储数据的同时还要存储各种各样的数据结构。目前非结构化的数据类型已经占了总数据类型的 3/4 以上，而且随着数据量的迅猛增长，新的数据类型越来越多，传统的数据处理已经越来越不能满足需求。

大数据不仅量大，并且种类繁多。在这庞大数据量中，4/5 的数据属于非结构化数据，它们来自物联网、社交网络等各个领域，只有小部分属于结构化的数据。

（1）非结构化数据。顾名思义，非结构化数据没有标准格式，不能直接得出对应值，比如文本、图像、语音、视频、网页等。其中文本是基于元数据结构，由机器生成的数据。在图像处理中，图像识别算法因其重要性，已经逐渐成为主流。音频数据的处理还不成熟，目前仅停留在针对解译音频流数据的内容，对说话者的情绪判断还嫌稍弱，再者就是用文本的分析技术对部分数据进行分析。视频是最具有挑战性的数据类型，目前还不能完全对视频内容进行分析。非结构化数据的增长速度很快，而在对非结构化数据进行整理、组织和分析后，可以得到更多潜在的信息，有利于增强企业的竞争实力。

（2）结构化数据。结构化数据基于传统的关系数据模型、行数据而建立，存储于数据库中，是以表格形式呈现的数据，表格每一列的数据类型相同。其典型的场景如企业 ERP、财务系统、医疗 HIS 数据库、教育一卡通、政府行政审批等。高速存储、数据备份、数据共享和数据容灾等技术足可以满足这些应用对存储数据的基本要求。

（3）半结构化数据。半结构化数据类似 XML、HTML，它的数据结构和内容混杂在一起，介于结构化和非结构化数据之间，一般是纯文本数据，比如日志数据、温度数据等。其典型场景如数据挖掘系统、

Web 集群、邮件系统、档案系统、教学资源库等。数据存储、数据备份、数据共享以及数据归档等技术可以满足这些应用对存储数据的基本要求。

3. 快速的数据处理（Velocity）

大数据的增长速度极快，几乎是爆发性增长，所以对数据存储和处理速度也要求极高。面对海量的数据，需要对其进行实时分析并获取有价值的信息，这也和传统的数据分析处理有着显著的区别。在数据处理速度快的条件下，还要综合考虑数据处理的即时性和实时性。由于数据不是静止的，而是不断流动的，并且数据的价值随着时间的流逝不断下降，这就要求数据处理具即时性的特征。在企业级的应用中，大数据往往以数据流的方式产生，并且快速流动、消失。数据不稳定，这就使得对数据处理的实时性有着更高要求。

4. 极大的潜在价值（Value）

从商业应用领域来看，挖掘出大数据潜在的价值是目前对大数据投入资本的根本出发点和落脚点。对数据进行合乎情理的运用和有效的分析，可以收获巨大的价值利润。

但与惊人的价值相对，大数据还具有低密度的特征。在海量的数据中，有价值的信息只占有一部分，换句话说，数据量呈指数增长的同时，隐藏在海量数据里面的有用信息并没有同样增长，而如何将这些有价值的信息准确地挖掘出来，也是目前亟须解决的问题。

（五）数据、信息与知识的内在联系

大数据是人类社会经由信息时代，经过知识时代，再飞快进入智能时代的象征，被誉为信息革命的现象。数据是通过感觉器官或仪器感知来反映客观事物运动状态的信号，而形成以文字、数字、事物或者图像等形式的[①]。数据是大脑的最浅层次和客观事物互相影响的效果，是大脑对客观事物的最早的认识。信息是可以解答某个特定疑问的文本，说明具有某些意义的事实、图像、数字，是大脑再加工的数

---

① 荆宁宁，程俊瑜. 数据、信息、知识与智慧［J］. 情报科学，2005，23（12）.

据，并将不同的数据联系起来的结果。知识可以展现信息的本质、原则和经验，是在实际的运用中有意义地在数据与信息、信息与信息之间创建关联的成果。把信息的客观记录放入特定场合时，就是信息。可以简单地理解为数据是信息的源泉，信息是知识的"子集或基石"，即信息产生知识。知识是有规律的信息。信息把数据和知识相连接，知识反映了信息的实质。在信息时代，数据具有传递的频率快、散布的范围广等特征。任何人都可以经由各类渠道非常迅速地得到新信息。人类想要"大知识""大科技""大智能""大利润"和"大发展"，就需要通过利用人类已经掌握的分析方法和运用数据的能力，来进行深层次的分析、开发和整合数据，得到全新的知识、创建全新的价值。

数据、信息和知识三者的区别主要体现在其根源上。人类在认知客观事物的不同时期都掌握了数据、信息和知识。知识是人类对客观事物的高级认知，是由数据到信息的发展而来，同时也是一个从低级到高级的认知过程。在这一过程中，其外延、深度、含义、价值和概念化在逐步提高。人类社会由最初对数据的简单处理时代发展到信息时代，随着信息技术的高速前进，世界已然跨过信息时代，走进知识时代。在知识时代，种类繁多的信息被处理得更加结构化、更加系统化。在知识时代，人们能从各种渠道获取知识。例如在互联网上随处可见的搞笑短视频和录成视频的课程等，随时可供给想看、想学的人观摩，人们随时都可以掌握知识。大数据的产生，让人们对数据有了更深入的理解并广泛地应用。

二、大数据的价值与产生的挑战

大数据的价值与其容量和类型具有极其紧密的联系，但价值却容易因为时间的推移而流失。数据量越大、类型越复杂，其存在的信息价值也越大。但如果没有合适的手段和工具进行分析挖掘，也会造成数据价值的损失，这也给大数据的研究应用带来了巨大的挑战。特别对于企业业务来说，海量数据的存储和处理、保证数据分析的技术有效性，以及数据的精细化运营策略等都是亟待解决的难题。

（一）大数据潜在价值的挖掘

称大数据为"大"，更多原因在于其潜藏的"大价值"，而不是表面的"大容量"。管理咨询公司麦肯锡认为，目前每一个行业领域都产生了庞大的数据量，成为重要的生产因素。人们对数据挖掘、数据分析所投入的努力预示着又一次的生产力暴涨和消费盈余的浪潮即将来临。美国政府使用"未来的新石油"一词来称呼大数据。一个国家是否有大规模的数据储备和运用数据的较强实力成为判断综合国力的又一个标准，争夺大数据的控制管理权也将成为国家间和企业间的竞争焦点。

众所周知，数据量越大，数据包含的信息量越多；传播的范围越广，数据的潜在价值也越大。但大数据本身具有低密度的特征，如果处理分析数据的工具不完备，也将导致数据利用价值的降低。另外，相关研究显示，数据价值和时间成反比关系，这意味着如果无法在较短时间进行数据的恰当处理，也会导致数据价值的流失。如果将大数据看作一种产业，则提高数据的处理能力是这项产业盈利的关键所在。

"数据化"即是将所有的内容都量化为数据。例如桥梁的承重、引擎的振动和某个人的位置等。通过量化该行为转化为数据，这就是开发数据的潜藏价值①。现在对数据的实时化需求越发明显。由于互联网的便捷性而产生的实时数据交换，极大地促进了数据分析的需求，通过分析大量的数据找出其中相关性，能充分发掘并利用这些实时数据的潜藏价值。随着人工智能和数据挖掘技术的不断提高，大数据在信息价值方面发挥出更多的引导和决策作用，从而使企业获得更多利润。

大数据能通过专业化处理数据，来挖掘数据之间潜在的关系，从而产生重大市场价值。在当代社会，对于大数据的获取已经不是件难事了，但如何得到有利于自身利益的数据是企业目前最关心的问题。业务部门的生命力和一切管理决定的前提条件就是拥有高质量的数据，

---

① 张兰廷. 大数据的社会价值和战略选择 ［D］. 北京：中共中央党校，2014.

竞争的优势在于能深层次地了解客户。因而数据支持已悄然成为业务部门做决策时的依据。数据的价值主要体现在消息与人能够妥善对接。一个能实现客户需求和自己业务相联系的公司在竞争中拥有更多获胜的机会。企业利用数据分析进行方案决策，通过数据分析减少企业成本，提高企业收入。数据是可共享的，因此它也是一件有最大规模价值的交易产品。大数据的容量大、类别多，利用数据共享，能够让非标准化数据取得最大化利润。大数据的提供、运用、监督管理将大数据构造成一个有巨大利益潜质的大产业。

在网络时代，不同主体之间能随时进行有用的联系，实时记录将记录每个主体的每一项操作，因此操作主体必须为自己的操作行为负责，这是日志型记录额外的价值与利益。在互联网经济和实体经济的相互渗透的情形下，网络操作记录是网络经济发展的基础保障。现在，大数据可以利用以往的数据记录，总结其规律特点，用以优化系统，来对未来的运行模式进行提前分析。无论是企业还是国家，都高度重视大数据的预测能力，致力于深度研究大数据，学习系统运作，互相优化协调，以期得到抢先一步的合理决策与判断。

（二）大数据对技术架构产生的挑战

如今，数据量越来越庞大，数据种类也越来越繁多，过去的技术已经不能在存储方面满足企业的要求。在大数据存储技术领域，企业经历着巨大的挑战。

1. 大数据对数据安全的挑战

在大数据时代，获取数据更方便，同时也给信息安全带来挑战。据统计，目前的数据安全形势令人担忧，需要保护的数据量正在增加。

首先，大数据可能包含了大量的个人隐私信息，比如地理位置信息、情绪状态信息等，对这些私密信息进行恰当的保护是数据安全存在的严峻问题；其次，在保护企业的重要信息、核心技术方面也存在亟须解决的难题；最后，在国家层面，大数据的安全可能威胁到国家的安全。例如大型的数据经过处理后，它可能会导致数据单向透明。对此，美国在发布了大数据研究和发展计划的同时，也提出了大数据技术的发展将提高国家安全的战略思考。

2. 大数据对数据处理存储的挑战

这些年随着信息技术的迅猛发展，企业积攒了巨大的数据，从最初的 MB 到 GB，现在企业面临着要存储数以 TB 级为单位的信息和数据。需要关注的数据显然是不局限于企业的内部数据库中的业务数据，同时也包括不可估量的社会化数据的用户活动数据，如来自物联网、社交网络和移动网络产生的数据等。这里需要解决 3 个紧迫的问题：高性能的共享问题、文件管理和保护问题以及重复数据的问题。可见，在数据处理存储方面的问题亟须解决。

存储的数据中有冗余和消除冗余是减少开销的重要途径。大数据量的存储方式不仅影响效率，而且影响成本。这就需要研究高效、低成本的数据存储计算的理论、高质量的采集及多源和多模态数据集成的理论和技术、自动错误检测和修复的理论和技术等。

大数据的平台首先要考虑的是数据的存储问题，如何找到更好、更多、更快的存储技术是目前大数据对技术架构的挑战之一。解决这个问题的技术包括全局负载平衡、多副本动态可编程、多步缓存和存储速度等。但是这些技术并不能解决大数据的存储问题。

3. 大数据对数据分析的挑战

大数据时代的数据源结构发生了变化。据统计，企业中有 20% 的数据是结构化的，80% 是非结构化或半结构化的，非结构化数据的增长率远远大于结构化数据，前者为 63%，后者为 32%。数据分析的效率影响数据的时效性，因此多种数据类型的增长给数据分析带来了巨大的挑战。

数据本身没有意义，但经过分析，可以发挥其潜在的价值。因此数据分析成为大数据的关键问题。数据是广泛可用的，而缺少的是从数据中提取知识的能力。

目前，对非结构化数据的分析还缺乏快速有效的手段。一方面，由于网络的广泛使用，大量的数据和数据类型不断更新；另一方面，大量的非结构化数据分析技术还不成熟。大数据的未来依赖于从大量未开发的数据中提取价值。

大数据需要及时从大量复杂数据中获得有意义的数据相关性，并找出其规律。数据处理的实时性是大数据与传统数据处理技术的重要区别之一。一般来说，传统的数据处理应用程序不需要太多时间。即使要花费 1~2 天的运行时间，结果是可以接受的。大数据的应用很大一部分需要在一秒钟或一瞬间获得，否则相关的处理结果已经过期无效。批处理后存储和后处理通常不能满足大数据的应用要求，需要进行数据处理。由于数据的价值与运行时间成反比，因此实时性成为数据处理的关键。大数据的数据量大、种类繁多、结构复杂，使得大数据量的实时处理非常具有挑战性。在技术上，数据实时处理需要实时的数据采集、实时的数据分析和实时的数据渲染，每个环节都要环环相扣、不容许中断。目前，互联网和各种传感器迅速普及，能够更多地实时获取数据。但大规模复杂数据的实时分析是系统的瓶颈。这也是大数据领域亟待解决的关键问题。实时数据绘制是当前可视化计算、GPU 以及分布式并行计算迅速发展的一个热点问题。该技术使得实时绘制复杂数据成为可能。同时，数据渲染也是一项新技术，可以根据实际应用和硬件条件选择合适的渲染方式。

（三）大数据对业务产生的挑战

在当今数据时代背景下，企业的数据也可展现企业实力。企业已经摒弃过去依靠经验和直觉来决策的落后行为，而改由根据数据分析做出正确的决策。企业决策大量依赖数据，因此业务人员必须调整对待数据的态度和视角，将视角从单一的企业报表转移到各类数据上来。这些数据可能包括交易记录数据、企业社交网络数据和客户反馈等，业务人员需要迅速从以往的业务数据以及到处存在的网络信息中获取有用的信息，需要拥有洞察市场、客户的本领。

目前，有一部分企业还未跟随大数据的步伐，很难确定对大数据的精准要求。直接表现在业务部门对大数据很陌生，不明白大数据的运用场合和价值。业务部门的需求模糊，大数据分析部门就不能得到有效、充分的数据，进而难以直接产生利润。企业决策层犹疑未决，生怕浪费成本。有不少企业对大数据的分析仅仅抱着"姑且一试"的消极心态，或者难以抉择是否创建大数据部门。这些消极心态与做法，都从源头上遏制了企业在大数据方向的潜力，也耽误了企业累计和发现自身的数据财富，以至于因为缺乏数据运用场合，造成了许多有价值的历史数据丢失。所以，若要更多业务人员理解大数据的价值，需要专家和从事大数据工作的人员一起促进和共享大数据的运用场合。

另外，企业内部数据之间的关联性不大。碎片式的数据是企业开启大数据的最大困难。在大型企业的体现中尤为明显，数据相对比较分散，所用的数据分析技术也存在一定的差异，使企业内部都不能将自身数据互相关联。联系和整理不同的数据，才能理解客户和理解业务的优点，才能得到更多的知识展现，体现大数据的潜力。若要更深度地发现企业大数据的潜力，前提是联合各个子部门的数据，共同分享技术和工具。

决策是企业发展与进步的指导。企业运用先进分析技术和大数据技术来得到不同的决策，进而来提高自身的竞争能力。缺乏大数据分析技术的企业只能在数据黑暗中摸索前行，他们不清楚发展方向、启动方法，总是如履薄冰地做出企业的决定策略。

有一部分企业敢于突破，大胆将大数据技术综合运用到现有的业务模块中，大大加强了企业的决策分析的处理业务实力。运用大数据对现有进行中的业务进行分析提升，企业可以得到具有 3 个特点的业务机遇：一是把握时机将整理的销售数据展现给客户，让客户通过这些数据了解这个产品的优劣，这也间接说明了该产品的受欢迎程度或质量的高低；二是将先进分析技术集成到产品中，以创造出更多的智能产品，让更多的人享受智能产品业务带来的生活便利；三是利用大数据分析来提升客户关系及客户体验度。

（四）大数据对管理策略产生的挑战

数据量的增长和数据类型的繁多也给企业的基础设备带来了繁重的压力。数据库的规模也不得不随之扩大，硬件平台也亟须升级，这些均导致维护成本的迅速升高。企业在技术、管理、安全等方面都面临新的挑战。

为此，业务人员需要面对大数据的机遇和挑战，转变观念，掌握各种大数据分析技术，以便在第一时间捕捉市场变化，并以最快的方式将其发送给决策者，使决策者能在最短的时间内了解市场和动态。

针对大数据在管理策略上的挑战，首先要考虑的是其使管理操作方便简洁、容易使用。因为从数据集成到数据分析，直到最终数据解释，易用性贯穿整个大数据处理过程。其次是考虑管理的可用性。可用性的挑战在于两个方面：一方面，数据量大，分析更复杂。另一方面，很多行业对大数据分析确实有需求，但在使用专业的工具用于分析复杂数据时，得出的结果不是外行的管理人员能理解的，导致在分析过程中管理者无法介入，而且无法理解的分析结果将限制他们从大数据中获取知识的能力。目前，关于大数据管理易用性的研究仍处于一个起步阶段。从设计学的角度来看，易用性表现为易见、易学和易用。对于该研究，首先需要关注以下 3 个基本原则。

1. 大数据管理易用性研究的匹配原则

在人的认知中遇到新的困难时，会利用现有的经验来考虑新的工具的使用。比如一提到数据库，大部分人会想到使用 SQL 语言来执行数据查询。在新工具的设计过程中，为了使新工具便于使用，人们通常会考虑添加原有的经验进去，这就是所谓的匹配原则。MapReduce 模型虽然将复杂的大数据处理过程简化为 Map 和 Reduce 的过程，但具体的 Map 和 Reduce 函数仍需要用户自己编写，这样不利于没有编程经验的用户使用。如何将新的大数据处理技术和人们已经习惯的处理技术和方法进行匹配，将是未来大数据易用性的一个巨大挑战。

2. 大数据管理易用性研究的反馈原则

为了让人们能够随时掌握自己的操作进程，带有反馈的设计工具就显得尤为重要了。目前在大数据领域，研究这方面的较少。在传统的软件工程领域，比较成熟的调试工具可以对程序出现的错误进行交互式的调试，相对容易找到错误的根源。但是，在大数据时代下，有很多工具其内部结构复杂，普通用户对这些工具的了解近似于黑盒，调试过程复杂，缺少反馈性。如果能够在未来的大数据处理中，大规模地引入人机交互技术，使人们能够更完整地参与整个分析过程，这将在很大程度上有效地改善用户的反馈，提高数据管理的可用性。

3. 大数据管理易用性研究的可视化原则

可视性能对用户起到一定的引导作用，即用户在见到产品时就能够大致了解其初步的使用方法，最终的结果也要能够清晰地展现出来。能够把结果以最佳的方式表现出来的，就是使用可视化技术。但超大规模的可视化却面临着诸多挑战，主要有：原位分析，用户界面与交互设计，大数据可视化，数据库与存储，算法，数据移动、传输和网络架构，不确定性的量化，并行化，面向领域与开发的库、框架和工具，社会、社区以及政府参与等方面。

第三节　大数据与相关领域的关系

一些人将大数据比作一种新型商品，而对于企业来说，大数据的应用和把握对于企业的未来发展具有极大的影响。因此企业对大数据恰当地处理和分析，才能发挥数据的最大价值，并从中挖掘出有意义的模式和知识。处理和分析的方式并不仅局限于一种，不论是传统的数据统计分析，还是新型的"云计算"处理方式，都在数据挖掘和分析中发挥着重要的作用，这些领域的相互交融和配合也推动了彼此的发展。

一、大数据与传统数据统计分析的关系

在传统的数据分析中，包括统计实证分析和统计推断分析，这两种分析缺一不可，它们具有定性的逻辑思路。首先是进行统计实证分析，它的分析思维逻辑是假设—验证，假设就是根据某种研究目的提出某种假设；提出假设后，就要开始收集数据，分析数据，最后看看这两者能否达到一致。其次是进行推断分析，它的逻辑思路是分布理论—概率保证—总体推断，其最终目标是推断出总体特征，所以要做好推断分析，先诠释好分布理论，分布理论是基础，然后根据分析好的数据计算出概率，得要求概率准确性，这样才能知晓采集的样本是一个什么样的特征，从而做好推断分析的最后一步。但在大数据时代，

大数据要求这一系列统计思维发生转变。

上面是传统数据分析中的逻辑思路，可以看出很大的局限性，难以适应新的形势发展。传统数据统计分析必须先根据研究目的而去收集一定数据，这是主观上的客观数据收集；现在的形势是数据来源不由主观认识所决定，抓取数据及分析数据方面都与以前有很大的不同，甚至有些发生了根本性的变化；随着互联网时代的到来，信息数据铺天盖地，周期性变窄，庞大与分门别类的数据不能用传统的数据分析方法加以区别和概括。所以需要现代信息技术与各种软件工具对这些信息进行数据筛选，使之能用来统计，并且在此过程中用新的统计分析方法处理云数据。

二、大数据与云计算的关系

云计算技术是在网络技术和硬件技术发展到一定阶段而出现的一种崭新的技术模型。在维基百科上，可以查找到云计算的定义。虽然对此定义各有不同的观点和描述，但是通过维基百科可以得出，云计算能将庞大的数据按统计需求提供给计算机和其他设备，通过互联网的计算方式分析并处理这些数据，从而为新的统计分析方法创造条件。

在传统的信息产业中，企业是资源的整合者，也是资源的使用者。这种传统的格局并不适合现代产业这种分工高度专业化的需求，也满足不了企业适应客户需要所要求的灵敏度。云计算的出现，打破了这种格局。云计算使资源与用户需求之间是一种弹性的关系，资源的整合者和资源的使用者不再是某一个企业，使用者只需按需付费。这种方法降低了使用者的成本，同时也提高了资源的利用率。云计算技术对产业影响深远，未来会逐步渗透信息产业和其他方面。

（一）云计算的特点分析

1. 云计算的规模超大

云计算的特点是拥有多达数百上千台服务器，甚至上百万台级服务器同时工作、共同分析和处理数据。例如成规模化的私企可以集合数百上千台服务器为其服务，可以实现从未有过的服务能力；

Amazon、IBM、微软等则可以集合几十万台服务器为其工作，不停地运转；而 Google 则达到难以置信的 100 多万台集合运作，它们都有惊人的数据处理、运用、分析能力。

2. 云计算具有虚拟化特征

云数据的网络处理和分析，利用软件来实现对硬件资源的虚拟化管理、调度和应用。云计算与地理位置无关。所请求的资源来自"云"，而不是固定的有形的实体。用户只需有网络环境，就可以通过计算机执行多种任务，甚至运行超级计算机这样的以往看上去难以企及的任务。通过这样的虚拟平台，用户使用网络资源、计算资源、存储资源等时，与使用和操作自己的计算机是一样的，很大程度上降低了维护成本，同时也提高了资源的利用率。

3. 云计算具有高可靠性和安全性

"云"的网络运用模式，为用户提供了很高的可靠性。在其网络模式中，不同服务器储存了多个数据副本，防止服务器运行时在某个点上出错，因此可以保证运行时服务的不间断性。用户数据在服务端存储，应用程序在服务器端运行，计算交给服务器端去处理。这种服务分布在不同的服务器上的方式，具有极高的容错性，一旦某节点出故障就终止这个节点，再启动另外的程序或节点来顶替，由此来保证应用和计算的正常运行。

（1）通用性。云计算不针对特定的应用。由于云计算资源部署的灵活性，因此云计算资源灵活的整合和动态分配能让广大用户不会产生资源过剩，不会因为数据和资源而造成负担。

（2）按需服务。"云"是一个庞大的资源池，用户无须与服务提供商进行人工配合，而可以直接根据自己的需要进行资源设置。它能够快速适应用户对资源不断变化的需求，这是云计算一个十分重要的优点。按需向用户提供资源，在很大程度上节省了用户的硬件资源开支。

（3）极其廉价。由于"云"的特殊容错措施，可以采用极其廉价的节点来构成云。大量企业也受益于"云"的自动化集中式管理，从中省去日益高昂的数据中心管理成本。相比于传统系统，"云"的通用性大幅提升资源的利用率，因此用户可以充分享受"云"的低成本优势。

（4）资源的集中管理和输出。云计算的一个基本特征就是从资源低效率的分散使用到高效的集约化。把资源集中起来后，资源的利用率会得到很大的提高，在资源需求不断提高的过程中，资源的弹性化扩张能力成为云计算的一个基本的要求。

（二）云计算的分类

1. 根据服务类型分类

"云"服务器的资源配置非常广泛，服务类型也是多种多样的，"云"服务器通过什么资源获取什么样服务，便是"云"计算的服务类型。目前比较普遍的以服务类型为指标的云计算可以分为 3 类，见表1-3。

表1-3　根据服务类型分类的云计算

分类	服务类型	灵活性	难易程度
基础设施云	类似于原始的计算存储能力	优	难
平台云	应用的托管环境	良	中
应用云	特定功能的应用	差	易

2. 按服务方式分类

云计算具有很多的优点，但也存在一些问题，比如安全问题、可靠性问题和监管问题。针对这些问题，云计算提供者使用了"公有云""私有云""混合云"3 种不同云环境。其中公有云的云环境是由若干个企业和用户共享使用的网络环境；私有云的云环境是由单个企业建造和应用的网络环境，便于实现云资源的合理配置和应用。混合云是指公有云与私有云的混合。用户可以根据自身的需求，选择适合自己的云计算模式。

（三）大数据与云计算的关系分析

随着云计算概念的不断普及与推广、云计算核心技术的不断突破、云计算应用的不断深入，云计算得到了国内外工业界、学术界乃至政府部门的热烈响应。国内的研究机构，比如中国科学院计算所、清华大学等均已经开展相关的研究工作。科研人员利用云计算为大数据相关工作的展开提供了一种新的思路。

大数据和云计算之间具有紧密的关系，假如大数据是资产，那么云计算为数据资产提供了保管、访问的场所和渠道，盘活大数据的数据资产，使它能够发挥本身潜在的价值，能对国家治理、企业决策乃至个人生活服务方面做出贡献。正是因为有了云计算的超强计算能力，能够满足大数据的超大容量、超快速度、安全存储，使得大数据展现出了它的价值。与此同时，云计算的发展方向也受限于大数据处理的兴起。总而言之，大数据离不开云计算，云计算是大数据时代的两个唯一，即唯一选择、唯一可行的大数据处理方式。结合实际的应用，云计算强调的是计算能力，大数据看中的是存储能力和处理大数据的能力。云计算能为大数据提供强大的存储能力和计算能力，能够更加迅速地处理大数据的丰富信息，并更方便地提供服务。大数据与云计算相结合，相得益彰，相互都能发挥最大的优势，其中它所释放出的巨大能力，几乎波及所有的行业，也为社会和科技创造出更多的财富和贡献。

三、大数据发展状况

互联网的发展、新的统计分析的多方面应用，使得科技、商业取得更好的效益。新的统计分析方法催生于大数据时代的到来，因此大数据的出现具有时代意义，受到了广泛而热烈的关注，研究取得的丰硕成果在近年来也是少有的。关于有些方面取得的成果离不开有远见的专业人士背后默默付出，他们在 20 世纪 80 年代通过科学的分析得出了大数据时代必然取代传统数据分析时代，但那时并未引起人们的关注。21 世纪初，Hadoop 项目在雅虎出现并取得了成功，靠着可靠的数据存储和优秀的数据处理能力，引起了雅虎公司的关注。虽然最初它只是用来解决网页的搜索问题，但后来它被 Apache Software Foundation 公司引入，进行更大程度的开发，使得开源代码成为软件前置与运行的必要代码书写核心。Hadoop 由多个软件产品组成，这个系统出现标志着大数据时代的开始，对大数据的功能和灵活性创造了条件。

Hadoop 项目起初只是解决了上面两个技术应用问题，但是这两个技术问题的解决使得大数据分析和处理快速而可靠，并为以后发展和应用奠定了坚实的基础。

虽则如此，但是 Hadoop 项目并未得到著名机构及社会的认可。直至 2008 年末，部分美国知名计算机科学研究人员发现并意识到大数据的发展和应用前景，随后组织了计算社区联盟，发表了《大数据计算，在商务、科学和社会领域创建革命性突破》白皮书，才使得大数据进入人们传统的数据机器思维之中，提出了大数据的重要应用领域是新用途和新见解的新概念。

随后大数据概念在国际社会广泛传开。先是 2009 年印度政府建立了生物识别数据库，使得身份识别管理上升了一个台阶。之后欧洲一些领先的研究型图书馆认识到了大数据时代的来临，为了更好地筛选网络大数据，于是和有关科技信息研究建立了友谊关系，实现信息数据共享。这引起了联合国的关注，随后启动了全球脉冲项目，研究如何分析利用网络大数据来有规律性地预测各不同类型的问题。

在 2009 年中，美国政府把大数据应用到政府部门网站中，建立了date. gov 网站，公众可以从此网站找到，或发现自己想要的各类型的数据。这一惊人举措激发了国际强烈的效应，从肯尼亚到英国纷纷效仿。

2012 年 2 月，一份《数据，无所不在的数据》的大型大数据专题报告出炉了，由肯尼斯·库克尔发表，在《经济学人》上刊登。在大数据信息中预测部分，他写道："世界上有着无法想象的巨量数字信息，并以极快的速度增长。从经济界到科学界，从政府部门到艺术领域，很多方面都已经感受到了这种巨量信息的影响。科学家和计算机工程师已经为这个现象创造了一个新词汇'大数据'。"库克尔在报告上的这些观点和说明充分表明了他在大数据时代到来时具有的敏锐直觉，他较早发觉，并较早预测了大数据时代的到来。

在 2011 年 5 月，IBM 公司的一台名为沃森的超级计算机能够自动扫描和分析的大数据约有 4TB。这么强的数据分析和处理能力远远超过了人类所拥有的能力。当年，在美国被《纽约时报》评为"大数据计算的胜利"的智力竞赛电视节目上，沃森击败人类两名优秀选手，因此轰动一时，足可见这台超级计算机的强悍。

大数据时代的到来，由于数字网络联系着大量群体，因此产生了海量的数据。通过设备传送、分享和访问，用户能使用更大容量的数据量，并收集自己想要的数据。这一彻底变革被全球知名咨询公司麦肯锡全球研究院所关注，通过调查研究得出：大数据时代的到来，人们通过设备发掘和应用大数据成为重要生产要素，生产要素的发展影响着生产率的发展，生产力影响着消费能力增长，因此生产力的发展将带来社会消费浪潮。随后研究院发布了一份报告《大数据：创新、竞争、生产力的下一个新领域》，这是首次全面介绍和展望大数据，使得之后大数据开始在社会和人群中备受关注。

受大数据思潮影响，我国与时俱进。为了改变传统数据概念，适应新的数据概念，将大数据作为国家四项关键技术创新工程之一，以彻底地变革数据存储、数据挖掘、图像智能分析。

大数据功能丰富，价值不菲。在 2012 年 1 月召开的瑞士世界经济论坛上，人们广泛讨论大数据。《大数据，大影响》这份报告在会上发布后，随后一石激起千层浪，利于大数据时代的政策纷纷出台。大数据运用如此明朗，各个国家开始重视大数据领域的发展，纷纷出台政策，加大这方面的投入。

为了抢占先机，在 2012 年 3 月，美国奥巴马政府在白宫网站发表了《大数据研究和发展倡议》，标志着大数据时代的到来。随后政府宣布投入巨额资金于该领域，为了激励国家在此领域竞争，更是在 3 月 23 日电话会议中，将数据定位为"未来的石油"。这些表明美国政府将大数据技术应用和发展定位国家科技战略，足见大数据在国家层面竞争的分量。因此要在大数据时代立足，并保持先进性，必须要未雨绸缪，早做打算，做好大数据技术的发展与应用，才能在竞争中立于不败之地，才能在未来数字主权上保持竞争力，才能更好地维护好国家安全。

美国一系列政策出台后，2012 年 4 月，此时美国经济不景气，股市起伏不稳定，但还是有家大数据处理公司成功上市，表现抢眼，令股迷眼睛一亮。它就是能提供大数据检测和分析的 Splun 软件公司，它的成功上市无疑会引起资本市场的后续效应，通过市场资源配置，使得资金和人力向数据领域靠近。在各国未雨绸缪，大力发展数据领域后，人们的生活和工作也发生了深刻的变化。

为了更好地说明各国在大数据时代下做的努力以及得到的好处，2012 年 7 月，联合国在纽约发布了一则白皮书，它总结了大数据时代下各国的具体应对政策；举例说明了在大数据环境中，社会个体和不同的部门在各自的目的下，实施的不同大数据应用和处理。拿个人来说，在网络设备上或者服务平台上提供私人数据和众包信息，必然要防止私人信息的泄露，因此在关注诸如价格或者服务的时候，必然对隐私以及一些有利于自己的权利有所提及；拿公共部门来讲，为了改善大数据应用下的环境和条件，在尊重公共部门及个人隐私和一些权利前提下，会在平台上发布统计数据、设备信息、健康指标、税务和消费信息，私人部门为了提升客户关注度，在利人利己前提下，为客户提供汇总数据、消费和使用信息。

在发布的白皮书里，进一步说明在大数据时代，政府应有所作为，掌握好并利用好这些数据对政府管理和服务社会有着非常重要的作用。白皮书还举了两个例子，一是大数据对统计分析社会人口所起的作用；二是基于爱尔兰和美国社会失业率的早期诊断，以促进政府快速应变，告诫政府在大数据时代下，加大关注，就能防患于未然。

大数据时代的到来，也深深影响着我国企业管理层，促进他们改进服务思维，把数据业务加入转型重塑业务中，全面推进数据服务战略。它的标志性事件是 2012 年 7 月阿里巴巴集团的管理层新设立了一个"首席数据官"职位，并且搭建了一个服务于下面电商及电商服务商的大型数据服务平台"集石塔"。随后为了实现这一战略，其董事局主席马云先生在 2012 年网商大会上称从 2013 年 1 月 1 日起将大数据信息注入并运用于平台、金融、数据三大板块之中，激发三大板块的业务量。

马云强调："假如我们有一个数据预报台，就像为企业装上了一个 GPS 和雷达，你们出海将会更有把握。"阿里巴巴作为首个把大数据概念应用于企业管理的企业，它的一系列举措无疑将引起连锁效应，对于国内各企业转变管理职能，以及运营方式具有重大的标志意义。

中小企业也可以作为时代榜样，这样既满足了中小企业甚至国家的需求，又能增长自身的业务量。大数据时代的到来，深刻影响着各国社会的各个方面，发展大数据产业成为各国共识。所谓喜忧参半，一方面给国家安全提供保障，甚至能给人类提供足够的福利；同时，不可否认，大数据产业的发展也给各国社会带来一定风险。虽则如此，新生事物总是充满前景的。

在此背景下，2014 年 4 月，在世界经济论坛上，与会者总结利弊，发表了以大数据时代下的利与弊为主要内容的《全球信息技术报告（13 版）》，针对大数据时代的风险，主张各国加强此方面的政策管理。

大数据无疑能促进社会进步。为了适应新的形势发展，美国白宫于 2014 年 5 月发布了年度全球大数据研究报告《大数据：抓住机遇，守护价值》，主张大胆挖掘大数据价值，在市场主导下，变革政府机构职能。同时加大研究力度，制定相应的措施来应对有可能出现的弊端。

第四节　大数据关键技术

当一个企业拥有大量数据时，企业如何应用这些数据来发现新的业务和营销呢？通过对大数据应用的总体架构和关键技术深入认识，才能发现大数据的美。本节阐述了大数据应用的架构设计原则、业务目标，运用大数据的高级分析和可视化技术，更加具体和形象地体现出大数据的美，这也让企业从中找到更精确的业务和营销方法。

一、大数据的业务分析技术

大数据可通过许多方式来获取、存储、处理和分析。每个大数据来源都有不同的特征，包括数据的频率、量、速度、类型和真实性。处理并存储大数据时，会涉及更多维度，比如管理、安全性和策略。选择一种架构并构建合适的大数据解决方案极具挑战，因为需要考虑非常多的因素，首先根据大数据类型来对业务问题进行分类。业务问题可分类为不同的大数据问题类型，在此将使用划分好的大数据问题类型，来确定合适的分类模式和合适的大数据总体架构。但第一步是将业务问题映射到它的大数据类型。表1-4列出了常见的业务问题并为每个问题分配了一种大数据类型。

表1-4　大数据业务类型

行业	示例用例
电子商务和 在线零售	电子零售商（如 eBay）在不断创建针对性产品来提高客户终生价值（CLV）：提供一致的跨渠道客户体验；从销售、营销和其他来源收获客户线索；并持续优化后端流程。 ·推荐引擎：通过基于对交叉销售的预测分析来推荐补充性产品，增加平均订单大小； ·跨渠道分析：销售属性、平均订单值和终生价值（如多少店内购买活动源自特定的推荐、广告或促销）； ·事件分析：哪一系列步骤（黄金路线）得到了想要的结果（如产品购买或注册）； ·"恰当时机的恰当产品"和"下一款最佳产品"：结合部署预测模型和推荐引擎，得到自动化的下一款最佳产品和跨多个交互渠道的经调整的交互
零售和专注于 客户	·推销和市场分析； ·营销活动管理和客户忠诚度计划； ·供应链管理和分析； ·基于事件和行为的目标； ·市场和用户细分； ·预测分析：在将产品放在货架上之前，零售商希望预测可能对购买者至关重要的一些因素

行业	示例用例
金融服务	·合规性和监管报告； ·风险分析和管理； ·欺诈检测和安全分析； ·CRM 和客户忠诚度计划； ·信用风险、评分和分析； ·高速套利交易； ·交易监管； ·异常交易模式分析
欺诈检测	欺诈管理可预测给定交易或客户账户遇到欺诈的可能性，帮助提高客户带来的利润。该解决方案将实时分析交易，并立即提出行动建议，这对于防止蓄意滥用第三方欺诈、第一方欺诈和账户特权至关重要。解决方案通常用于检测和防止多个行业的各种欺诈和风险类型。 ·信用卡和借记卡欺诈； ·存款账户欺诈； ·技术欺诈和坏账； ·医疗欺诈； ·医疗补助计划和医疗保险欺诈； ·财产和灾害保险欺诈； ·工伤赔偿欺诈； ·保险欺诈
Web 和数字媒体	许多现在正在处理的数据是增加社会媒体和数字营销的一个直接后果。客户产生一系列可以挖掘和投入运行的数据。 ·大规模单击流分析； ·广告投放、分析、预测和优化； ·滥用和单击欺诈预防； ·社交图分析和概要细分； ·营销活动管理和忠诚度计划

行业	示例用例
公共领域	·威胁检查； ·网络安全； ·合规性和监管分析； ·能耗和碳排放管理
健康和生命科学	·健康保险欺诈检测； ·患者护理质量和程序分析； ·营销活动和销售计划优化； ·品牌管理； ·医疗设备和药物供应链管理； ·药品发现和开发分析
电信	·收入保障和价格优化； ·客户流失预防； ·营销活动管理和客户忠诚度； ·呼叫详细记录（CDR）分析； ·网络性能和优化； ·移动用户位置分析
公用事业	公用事业公司经营大型、昂贵和复杂的发电系统。每个电网都有复杂的传感器来监测电压、电流、频率等重要的运行特性。效率意味着密切关注来自传感器的所有数据。 　　公用事业公司现在使用 Hadoop 集群来分析发电（供应）和电力消耗（需求）数据。 　　智能电表的采用导致了前所未有的数据流。大多数公用事业公司在打开电表后都没有充分准备好分析数据
媒体	在有线电视行业，大型有线电视运营商（如时代华纳、康卡斯特和考克斯通信公司）每天都可以利用大数据分析机顶盒数据。可以利用这些数据来调整广告或促销活动

行业	示例用例
杂项	·Mashup：移动用户位置和精度目标； ·机器生成的数据； ·在线约会：一个领先的在线约会服务使用复杂的分析来度量各个成员之间的兼容性，以便建议匹配的商品； ·在线游戏； ·飞机和汽车的预测性维护

二、大数据的关键技术

所谓大数据技术，是指伴随着大数据的采集、存储、分析和应用的相关技术，是一系列非常规工具用于处理大量结构化的、半结构化的和非结构化的数据，以获得一系列的数据处理和分析技术，用于分析和预测结果。

讨论大数据技术时，需要首先了解大数据的基本处理流程，主要包括数据采集、存储、分析和结果呈现等环节。数据无处不在，互联网网站、政务系统、零售系统、办公系统、自动化生产系统、监控摄像头、传感器等，每时每刻都在不断产生数据。这些分散在各处的数据，需要采用相应的设备或软件进行采集。采集到的数据通常无法直接用于后续的数据分析，因为对于来源众多、类型多样的数据而言，数据缺失和语义模糊等问题是不可避免的，因此必须采取相应措施有效地解决这些问题。这就需要一个被称为"数据预处理"的过程，把数据变成一个可用的状态。数据经过预处理以后，会被存放到文件系统或数据库系统中进行存储与管理，然后采用数据挖掘工具，对数据进行处理分析，最后采用可视化工具为用户呈现结果。在整个数据处理过程中，还必须注意隐私保护和数据安全问题。

因此，从数据分析全流程的角度，大数据技术主要包括数据采集与预处理、数据存储与管理、数据处理与分析、数据安全与隐私保护等方面，具体见表1-5。

表 1-5　大数据技术的不同层面及其功能

技术层面	功能
数据采集与预处理	通过 ETL 工具从分布式异构数据源中提取数据，如关系数据库、平面文件数据等，要清洗、转换和集成的临时的中间层后，最后加载到数据仓库或数据集市成为基础的在线分析和数据挖掘，日志收集也可以使用工具（如 Flume、Katka 等）把实时数据作为流量计算系统的输入，并进行实时处理
数据存储与管理	使用分布式文件系统、数据仓库、关系数据库、NoSQL 数据库、云数据库等，存储和管理结构化、半结构化和非结构化海量数据的实现
数据处理与分析	采用分布式并行编程模型和计算框架，结合机器学习和数据挖掘算法，实现了海量数据的处理和分析，并对结果进行可视化，以帮助人们理解和分析数据
数据安全与隐私保护	在挖掘海量数据的潜在商业价值和学术价值的同时，构建了隐私数据保护系统和数据安全系统，有效地保护了个人隐私和数据安全 　　需要指出的是，大数据技术是许多技术的一个集合体，这些技术也并非全部都是新生事物。诸如关系数据库、数据仓库、数据采集、ETL、OLAP、数据挖掘、数据隐私和安全、数据可视化等技术是已经发展多年的技术，在大数据时代得到不断补充、完善、提高后又有了新的升华，因此也可以视为大数据技术的一个组成部分。对于这些技术，除了数据可视化技术以外，都是较容易理解且较常见的技术，在此不加赘述。重点在于近些年新发展起来的大数据核心技术，包括分布式并行编程、分布式文件系统、分布式数据库、NoSQL 数据库、云数据库、流计算、图计算等

第二章　大数据处理架构 Hadoop

Hadoop 是一种早期开发的分布式计算平台，它的特点是开放式、可运行于大规模集群，在功能上它完全支持 MapReduce 计算模型和分布式文件系统 HDFS，在业内得到了广泛的应用，同时也成为大数据的代名词。借助于 Hadoop，一名普通的程序员可以快速运用编程程序，编写涵盖分布式并行程序在内、可运行于计算机集群的各类计算机程序，从而完成庞大、复杂的数据存储与处理分析。

本章分析 Hadoop 的发展历史、重要特性和应用现状，并详细阐述了 Hadoop 生态系统及其各个组件，最后，演示了如何在 Linux 操作系统下安装和配置 Hadoop。

第一节　Hadoop 概述

Hadoop 的起源、发展历史、特性、应用现状和版本演变是一个连续又跳跃的过程。

一、认识 Hadoop

Hadoop 作为一种开源分布式计算平台，隶属于 Apache 软件基金会旗下。它实时更新，但又不缺乏集思广益，不断将最底层、最透明的分布式基础架构服务于每名用户。Hadoop 是利用 Java 语言进行开发的一种计算平台，在跨平台运用时有着良好的兼容性，对部署运行的计算机集群要求不高。相对同类产品来讲，Hadoop 性价比极高。分布式文件系统（Hadoop Distributed File System，HDFS）和 MapReduce 作为两大运行系统是 Hadoop 的核心。其中，HDFS 的运行主要是针对诸如谷歌文件系统（Google File System，GFS）等普通硬件环境条件，它能够实现较好的开源算法机制，用户普遍反映 HDFS 读写速度快、容错性高、可伸缩性强，存储机制强大，支持大规模数据的分布式。其冗余数据存储方式最大限度上为各类数据设置了一道坚实的安全栅栏。另外，MapReduce 是建立于开源实现谷歌 MapReduce 的一种设计，它极大地创造了便利条件，使得各用户即使不了解分布式系统底层细节，也能够开发并行应用程序。此外，MapReduce 还能帮助用户在分析和处理数据的时候提高工作效率，借助于它，用户可以轻松、便捷地编写分布式并行程序，并在普通廉价的计算机集群上运行自如，从而存储与计算大量的数据。

通过用户反馈和同类产品测评，可以得知，Hadoop 作为一款行业大数据标准开源软件，在分布式环境下拥有着处理海量数据的基准，受到了用户的一致好评和同行的高度评价，如谷歌、雅虎、微软、淘宝等都支持 Hadoop。因此，可以认为，在互联网高速运转和开放的当今，Hadoop 已经覆盖了 95% 以上的互联网公司和厂商，长期致力于为它们提供开发工具、开源软件、商业化工具和技术服务。

二、Hadoop 的版本概述

Apache Hadoop 版本分为两代，第一代 Hadoop 称为 Hadoop 1.0，第二代 Hadoop 称为 Hadoop 2.0。第一代 Hadoop 包含 0.20.x、0.21.x 和 0.22.x 三大版本，其中，0.20.x 最后演化成 1.0.x，变成了稳定版，而 0.21.x 和 0.22.x 则增加了 JJn T HDFS HA 等重要的新特性。第二代 Hadoop 包含 0.23.x 和 2.x 两大版本，它们完全不同于 Hadoop 1.0，是一套全新的架构，均包含 HDFS Federation 和 YARN（Yet Another Resource Negotiator）两个系统。

除了免费开源的 Apache Hadoop 以外，还有一些互联网商业公司在自行研发和集思广益的基础上，陆续推出了各种版本的 Hadoop 发行版。Cloudera 公司于 2008 年成为第一个 Hadoop 商业化公司，它们经过项目研发后，于 2009 年推出了第一个 Hadoop 发行版。为了齐头并进，在数据分析市场上分一杯羹，其他拥有一定规模和能力的互联网公司也相继加入了这一行列。比如 MapR、Hortonworks、星环等。一般而言，商业化公司推出的 Hadoop 发行版也是以 Apache Hadoop 为基础，但是前者比后者具有更好的易用性、更多的功能以及更高的性能。

三、Hadoop 的发展历程

Hadoop 这个名称朗朗上口，至于为什么要取这样一个名字，其实并没有深奥的道理，只是追求名称简短、容易发音和记忆而已。大名鼎鼎的"Google"就是由小孩子给取名的，Hadoop 同样如此，它是小孩子给"一头吃饱了的棕黄色大象"取的名字，如图 2-1 所示。Hadoop 后来的很多子项目和模块的命名方式都沿用了这种风格，如 Pig 和 Hive 等。

图 2-1　Hadoop 的标志

Hadoop 最初是由 Apache Lucene 项目的创始人 Doug Cutting 开发的文本搜索库。Hadoop 源自 2002 年的 Apache Nutch 项目——一个开源的网络搜索引擎，并且也是 Lucene 项目的一道分支和清流。早在 2002年，Nutch 项目团队在开发研究的过程中遇到了一道瓶颈，问题出在该搜索引擎由于技术原因，始终不能扩展出包含 10 亿网页在内的网络。这个问题僵持了有 1 年的时间，直到 2003 年，谷歌公司项目团队发布了具有分布式文件系统的 GFS 论文。自此，大规模数据存储问题得到了初步的理论上的解决。按照该理论指导，2004 年，Nutch 项目团队通过自主研发，发布了 HDFS 的前身——分布式文件系统（Nutch Distributed File System，NDFS）。

时间到了 2004 年下半年，谷歌公司另一篇具有深远影响的论文面世。在该论文中，谷歌公司对 MapReduce 分布式编程思想进行了详尽的阐述。Nutch 项目团队继而于 2005 年，对谷歌公司提出的 MapReduce 进行了开源实现。再于 2006 年 2 月，Nutch 将项目中的 NDFS 和 MapReduce 进行了独立开发，并将这个项目设置为 Lucene 项目的一个分项目，称为 Hadoop，同时 Doug Cutting 加盟雅虎。时间又到了 2008 年 1 月，由于功能的强大性和研发的紧迫性，Hadoop 又被推举为 Apache 项目的顶级项目。自此，除了雅虎之外，其他互联网公司开始陆续使用 Hadoop 进行软件的开发和其他工作。那段时间，Hadoop 作为一项新兴开发出来的开源分布式计算平台，被广泛运用于各互联网公司和厂商。仅用了几个月时间，Hadoop 便打破了世界纪录，在 1TB 数据处理同行业平台中成了最快排序系统。它运算时主要利用了一个由 910 个节点构成的集群，经过测算，排序时间只用了 209 秒。1 年后，Hadoop 更是在项目团队的努力下，把这个时间缩短到了 62 秒。从那天起，Hadoop 的名声开始在行业中广为流传，并为人津津乐道，在大数据时代正式成了最具影响力的开源分布式开发平台，成为大数据处理标准已经不可抹灭的事实。

四、Hadoop 的特质

广义上认为 Hadoop 其实是一种软件框架，不过这种框架能够处理大量数据，并将它们进行分布式管理。通过大量的运用，可以感觉到这种软件框架在运行处理的时候是十分可靠、高效的，最难能可贵的是 Hadoop 还具有可伸缩性。归纳来说，它具有以下 7 个方面特质。

（1）Hadoop 支持多种编程语言。Hadoop 是一种开放式计算平台，基于这种特性，大部分应用程序也可以通过包括 C++ 在内的各种计算机语言进行编写。可以这么说，Hadoop 是一个大家参与、服务大家的一种计算机平台，更是被较多的计算机爱好者广泛运用，拥有着较好的口碑。

（2）Hadoop 性价比高。Hadoop 采用了价格低廉的计算机集群，尽管这些设备开支较低，运行成本也比较少，但确是物美价廉。普通用户都可以使用任何一台计算机迅速搭建 Hadoop 运行环境，极大地满足了无论是公司还是客户（统称为消费者）需要物美价廉的消费心理。

（3）Hadoop 具有高效性。Hadoop 作为一款并行分布式计算平台，它主要采用了当今最流行的两大核心技术——分布式存储、分布式处理。通过这两种技术，用户可以自由、高效地处理包含 PB 级数据在内的各类计算机、服务器数据。

（4）Hadoop 具有兼容性。Hadoop 是基于 Java 语言开发的，可以较好地运行在 Linux 平台上。

（5）Hadoop 具有纠错性。基于 Hadoop 采用冗余数据存储方式的特点，项目研发团队在开发的时候，将其设置为后台自动保存相同数据的多个副本，不分对错，同时再利用后台空闲时机自动重新分配失败的任务。

（6）Hadoop 具有可靠性。Hadoop 的存储方式为冗余数据存取，冗余数据存取的好处就是在处理数据的时候，就算有一个数据节点或副本发生人为、非人为等未知错误，但是绝对不会影响到其他副本。这样的特性大大确保了 Hadoop 正常、持续地为用户提供各类数据处理服务。

（7）Hadoop 具有可拓展性。项目研发团队在设计 Hadoop 的时候，其初衷有三：一是为了使得用户在处理数据时能够高效稳定；二是避开昂贵的计算机集群设备，使得用户在一些廉价的计算机集群上也可以运用自如；三是结合用户的需求，用户在使用 Hadoop 的时候也可以自由选择扩展其他计算机节点。

五、Hadoop 的应用现状分析

Hadoop 凭借其突出的优势，已经在各个领域得到了广泛的应用，而互联网领域是其应用的主阵地。

2007 年，雅虎在 Sunnyvale 总部建立了 M45——一个包含了 4000 个处理器和 1.5 PB 容量的 Hadoop 集群系统。此后，包括卡耐基梅隆大学、加州大学伯克利分校、康奈尔大学和马萨诸塞大学阿默斯特分校、斯坦福大学、华盛顿大学、密歇根大学等 12 所大学陆续开始对该集群系统投入人力、物力进行更加深入、专业的研究。在这些院校的共同努力下——当然背后不乏大量专家、教授的默默付出——Hadoop 集群系统开放源码得以最终正式发布。从当前运用情况来看，雅虎互联网公司建立有全世界最大规模的 Hadoop 集群。经统计，这家集群拥有着大约 25000 个节点，这些节点每天都要广泛用于雅虎公司的广告系统与网页搜索。在 Hadoop 集群系统的支撑下，全球网民才得以更加快捷、便利地使用雅虎公司的各项服务，同时也为雅虎公司创造了更多的收益。

Facebook（脸书）是全球一家知名的社交网站，广为全球3亿多网民熟知。该网站线上数据显示，每天约有3000万用户更新个人状态。此外，月计网民上传10亿余张照片、1000万个视频，每周共享10亿条包括日志、链接、新闻、微博、心情、状态在内的内容。面对如此庞大的数据量，Facebook互联网公司日均存储处理数据量是十分巨大的，甚至可以说是难以完成的任务。具体表现为，后台每天都要持续增加4 TB数据（压缩后），扫描约135 TB的数据，集群日执行Hive任务约为7500次上下，每小时运行8万次计算。在这种情况下，一般计算平台已经难以应付。经过再三考察和选择，Facebook最终选择了Hadoop开源式分布计算平台。在Hadoop的帮助下，Facebook开始得以正常处理日志、推荐系统和数据仓库等方面，并且更加快捷、准确，得心应手。

国内采用Hadoop的公司主要有百度、淘宝、网易、华为、中国移动等。其中，淘宝的Hadoop集群在同行业中属于较大规模的。通过互联网数据反映，淘宝架设了约为2860个Hadoop集群节点，这些节点都是利用英特尔处理器的X86服务器作为支撑，其总存储容量达到50 PB，实际使用容量超过40PB，日均作业数高达15万。其中，Hadoop主要致力于服务阿里巴巴集团，它每天都要从集团各部门产品线上数据库（Oracle、MySQL）备份、系统日志以及爬虫数据搜集汇总程序。随后，经过储存和处理，再用以运行各种MapReduce任务，如数据魔方、量子统计、推荐系统、排行榜等。

百度公司目前是全球最大的中文搜索引擎互联网公司，在存储处理海量数据方面，有着极高的需求。在这个情景下，经过多番研究和调研，百度公司高层选择了Hadoop分布式计算平台，可见Hadoop在行业中的重要性和权威性。在它的帮助下，百度公司得以更加快捷、准确地进行日志存储和统计，其他在分析网页数据、分析商业、反馈在线数据、聚类网页等工作中，Hadoop也有着不俗的表现，得到了百度公司高层及该公司项目团队的高度好评。目前，百度公司拥有着3家Hadoop集群，初始时，总节点数量始终维持在700个上下，但是就目前的发展速度来看，这个规模仍在不断增加。从百度公司项目团队反馈来看，公司内部每天运行了 3000 个左右的 MapReduce 任务，每天处理数据约为 120 TB。这些数据均反映了 Hadoop 集群的运用效益和规模。

此外，华为作为 Hadoop 的使用者之一，在国内较大程度上推动了 Hadoop 技术。早期，雅虎名下的 Hadoop 公司 Hortonworks 曾通过市场调研和产品测评，发布了一份测评报告。在这份报告中，Hortonworks 用了大量的数据和事实对全世界各家互联网公司、厂商对发展 Hadoop 做出的贡献都进行了详尽的说明。报告称，中国华为公司在推动 Hadoop 发展历程中做出了极大的贡献，这份贡献甚至可以排在谷歌和思科公司的前面，说明华为公司也在积极参与开源社区贡献。

第二节　Hadoop 生态系统

在不断的创新、改造、测试和升级之下，Hadoop 生态系统渐趋于成熟和完善，目前已经包含了多个子项目，见表 2-1。

表 2-1　Hadoop 生态系统

Ambari（安装、部署、配置和管理工具）					
Zookeeper（分布式写作服务）	HBase（分布式数据库）	Hive（数据仓库）	Pig（数据处理流）	Mahout（数据挖掘库）	Flume（日志收集）
Zookeeper（分布式写作服务）	HBase（分布式数据库）	MapReduce（分布式计算框架）	MapReduce（分布式计算框架）	MapReduce（分布式计算框架）	Flume（日志收集）
Zookeeper（分布式写作服务）	HBase（分布式数据库）	YARN（资源调度和管理框架）	YARN（资源调度和管理框架）	YARN（资源调度和管理框架）	Sqoop（数据库 ELT）
Zookeeper（分布式写作服务）	HDFS（分布式文件系统）	HDFS（分布式文件系统）	HDFS（分布式文件系统）	HDFS（分布式文件系统）	Sqoop（数据库 ELT）

除了核心的 HDFS 和 MapReduce 以外，Hadoop 生态系统还包括 Zookeeper、HBase、Hive、Pig、Mahout、Sqoop、Flume、Ambari 等功能组件。

1. HDFS

作为 Hadoop 项目的两大核心之一，Hadoop 分布式文件系统（Hadoop Distributed File System，HDFS）是针对谷歌文件系统（Google File System，GFS）的开源实现。硬件故障是 HDFS 的设计之初最为考量的方面，因为 HDFS 是为了服务于廉价的大型服务器集群上而设立的。HDFS 善于处理超大数据、流式数据，另外，还可以保证文件系统的整体性和可靠性。即使发生了部分硬件的临时故障，HDFS 也能柔性地进行故障容错。HDFS 放宽了一部分 POSIX（Portable Operating System Interface of UNIX）约束，从而可以通过流形式来对文件系统中的数据进行访问。程序数据在被 HDFS 进行访问时，可以具有很高的吞吐率，因此对于超大数据集的应用程序而言，选择 HDFS 作为底层数据存储是较好的选择。

2. MapReduce

MapReduce 可以将运行于大规模集群上的非常复杂的并行计算过程高度抽象到 Map 和 Reduce 这两个函数上，并且允许用户开发，MapReduce 应用程序能同步在其廉价计算集群上处理好海量数据。MapReduce 对用户熟悉分布式系统细节的程度没有要求。所以可以说 MapReduce 是一种可以被广泛应用于大规模数据——如大于 1TB 的数据集——的编程模型，是针对谷歌 MapReduce 的开源实现。MapReduce 把已输入的数据集分为不同的独立数据块，继而分发给一个主节点管理下的各个分节点，来一起执行完成，最终通过整合各个节点的中间结果，来完成最后的任务执行。以上操作也充分将 MapReduce "分而治之" 的核心思想体现得淋漓尽致。

3. Zookeeper

Zookeeper 是广泛提供如统一命名服务、状态同步服务、集群管理、分布式应用配置的项目管理等基本服务的协同工作系统。并且以上操作都是基于谷歌 Chubby 系统开源实现，其操作高效、耐用可靠。

除此之外，Zookeeper 也同样适用于构建分布式应用，还可以替分布式应用承担协调和操作任务。另外，因为 Zookeeper 是使用 Java 来进行编写的，所以使用方便，能很容易编程接入。而且 Zookeeper 使用了与文件树结构十分相像的数据模型，所以可以利用 Java 或者 C 来进行编程接入操作。

4. HBase

HBase 和谷歌 BigTable 一样都采用了相同的数据模型，是针对谷歌 BigTable 的开源实现，具有十分强大的非结构化数据储存能力。HBase 广泛应用于其底层如 HDFS 的数据存储，可实现实时读写、分布式的高性能、高可靠性、可分布的列式数据库。和传统关系数据库不同的是，HBase 采用基于行的存储，因此具有优越的横向扩展能力。而传统数据库以前是基于列的存储，不能和 HBase 一样通过不断增加廉价的商用服务器来增加存储能力。

5. Hive

Hive 是一种可以对 Hadoop 文件中的数据集进行整理操作、特殊查询和分析储存的，基于 Hadoop 的数据仓库工具。由于 Hive 提供了 Hive QL 这种和关系数据库 SQL 很相像的查询语言，所以 Hive 的学习门槛比较低，可以直接通过对 Hive QL 语句操作，很便捷地完成 MapReduce 统计。因为不依赖于专门的 MapReduce 应用，自身便可以在任务运行中将 Hive 语句转换为 MapReduce，所以数据仓库的操作可以广泛使用 Hive。

6. Pig

虽说 MapReduce 并不是很复杂的应用程序，但是也需要一定的开发经验的。所以 Pig 这样的数据流语言和运行环境十分匹配。不可否认，Pig 的使用非常有助于 Hadoop 常见工作任务的简化。而且相较于 MapReduce，Pig 实现了更为便捷高效的语言抽象。由此，对 Hadoop 更加接近结构化查询语言（SQL）接口有非常大的帮助。Pig 是一个相对简单的语言，非常适用于 Hadoop 和 MapReduce 平台来检阅大型半结构化数据集。Pig 能够执行语句，所以当使用者需要从巨量数据库中搜集符合特定条件的记录时，相对于需要编写一个单独的 MapReduce 应用程序的烦琐，Pig 的可操作性是远远大于 MapReduce，因为 Pig 的操作只需要运行一个简单的脚本在集群中，就能自动并行处理并自动分发。

7. Mahout

基于可扩展的机器学习领域经典算法的实现，Mahout 的开发使用旨在于协助开发人员更加便捷地创建出智能应用程序。Mahout 是分属于 Apache 软件基金会的一个开源项目。通过和 Apache Hadoop 的协作，Mahout 实现了包括聚类、分类、推荐过滤、频繁子项挖掘等操作，并将其有效地扩展到云中。

8. Sqoop

Sqoop 是 SQL-to-Hadoop 的缩写，主要用来在 Hadoop 和关系数据库之间交换数据，可以改进数据的互操作性。通过 Sqoop 可以方便地将数据从 MySQL、Oracle、PostgreSQL 等关系数据库中导入 HDFS、HBase、Hive 或 Hadoop。要想使传统关系数据库和 Hadoop 之间的数据交流更加方便，方法之一就是通过 Sqoop 将数据从 Hadoop 导入。Sqoop 主要通过 JDBC（Java DataBase Connectivity）和关系数据库进行交流迁徙。Sqoop 是一款非常便捷高速的、致力于为大数据集服务而设计的操作，它可以将最新记录添加至最新一次导出的数据源上，也支持增量的更新，还可以对上次修改时间戳进行指定。一般从理论上说，Sqoop 和 Hadoop 之间进行的数据交互能兼容 JDBC 的关系数据库。

9. Flume

Flume 有助于操作方对数据进行简处理，并且可以高速便捷地将处理好的数据传送给接收方，同时也支持在日志系统中定制各种数据发送方，广泛应用于收集数据，非常便捷，可操作性性非常高。总的来说，Flume 是一个具有可用性、可依赖性、分布式的海量日志采集、聚合和传送的系统，是基于 Cloundera 运行的。

10. Ambari

HDFS、MapReduce、Hive、Pig、HBase、Zookeeper、Sqoop 等大多数的 Hadoop 组都可以通过 Ambari 操作来实现的。另外，还有 Apache Ambari 和 Apache Hadoop 是可以兼容的。其中 Apache Hadoop 的安装、

部署和管理都可以通过这种操作来实现的。

第三节　Hadoop 的安装与使用

在开始具体操作 Hadoop 之前，首先需要选择一个合适的操作系统。虽然 Linux 系统、Windows 系统和其他 UNIX 系统都可以运行 Hadoop，但是 Hadoop 官方真正支持的作业平台只有 Linux。这就导致其他平台在运行 Hadoop 时，往往需要安装很多其他的包来提供一些 Linux 操作系统的功能，以配合 Hadoop 的执行。例如，Windows 在运行 Hadoop 时，需要安装 Cygwin 等软件。这里选择 Linux 作为系统平台为例，来演示在计算机上如何安装 Hadoop、运行程序并得到最终结果。当然，其他平台仍然可以作为开发平台使用。对于正在使用 Windows 操作系统的用户，可以通过在 Windows 操作系统中安装 Linux 虚拟机的方式完成试验。在 Linux 发行版的选择上，倾向于使用企业级的、稳定的操作系统作为实验的系统环境，同时，考虑到易用性以及是否免费等方面的问题，在此排除了 OpenSUSE 和 RedHat 等发行版，最终选择免费的 Ubuntu 桌面版作为推荐的操作系统。需要安装操作的技术人员可以到网络上下载 Ubuntu 系统镜像文件（http：//www. ubuntu. org. cn/download/desktop）进行安装。

Hadoop 基本安装配置主要包括以下步骤。

（1）Hadoop 用户的创建。为了简化操作程序，降低操作难度，首先创建一个账号，命名为"Hadoop"，以方便权限区分。用户创建命令为 useradd，密码设置命令为 passwd。

（2）对 Java 进行安装。因为 Hadoop 程序的编写语言就是 Java，所以用户要想开发、运行这个程序，必须首先安装 Java，最新版或者 6.0 版。Ubuntu 系统本身就已安装 Java，JDK 版本为 Openjdk，路径为"/usr/lib/jvm/default-java"，后面的 JAVA_ HOME 环境变量就可以设置为这个值。

为了保证程序的稳定性，Hadoop 用户可以安装 Oracle 版 Java，记住安装路径，以便后面 Hadoop 配置文件使用，让 Hadoop 程序可以更好地找到需要的 Java 工具。

（3）SSH 登录权限的设置。SSH 登录权限设置的功能是为 Hadoop 的伪分布与全分布提供方便，让用户可以实现无密码登录。为此，操作人员首先要对各个名称节点发布命令，让它们生成自己的 SSH 秘钥，然后将公共秘钥分享给集群中其他的计算机。之后，将 id_dsa. Pub 中的内容放到需要实现无密码登录的计算机的"～/ssh/authorized_keys"目录中，这样就可以实现无密码登录了。

（4）单机 Hadoop 的安装。这里使用的 Hadoop 版本为 2.7.3，下载地址输入完毕后，在目录中选择 Hadoop-2.7.3. tar. gz 进行下载即可。

解压文件，选择存放位置。这里需要注意一点：存放的文件夹的用户和组都必须以"hadoop"命名。

在 Hadoop 的文件夹中（即"/usr/local/hadoop"），"etc/hadoop"目录下存放配置文件，如果是单机安装，安装人员只需对"hadoop. env. sh"文件进行更改，配置程序运行需要的环境变量。这里只需发布命令"＄export JAVA_ HOME =/usr/lib/jvm/default-Java"，将 JAVA _ HOME 指定到本台计算机的 JDK 目录即可。

完成后，可通过"＄./bin/hadoop version"命令查询 Hadoop 的版本信息，此时，应该得到如下提示：

Hadoop 2.7.3

······

This command was run using/usr/local/hadoop/share/hadoop/common/hadoop-common-2.7.3. Jar

最后，可以通过运行 Word Count 对安装效果进行检测。

首先，在 Hadoop 目录下新建 input 文件夹，用来存放输入数据；然后，将 etc/hadoop 文件夹下的配置文件拷贝进 input 文件夹中；接下来，在 Hadoop 目录下新建 output 文件夹，用来存放输出数据；最后，执行如下代码：

```
$ cd/usr/local/hadoop
$ mkdir. /input
```

$ cp. /etc/hadoop/ * . xml . /input

$. /bin/hadoop　J　ar/usr/local/hadoop/share/hadoop/mapreduce/hadoop-mapreduce-examples- * .

jar grep. /input. /output'dfs［a-z.］ +´

执行之后，再执行以下命令查看输出数据的内容：

Scat. /output/ *

运行以上命令可以看到如下结果：

1 dfsadmin

这表示所有配置文件中只有 1 个正确单词，测试成功。

小结

Hadoop 被视为事实上的大数据处理标准，本章解释了 Hadoop 的发展历程，并阐述了 Hadoop 的高可靠性、高效性、高可扩展性、高容错性、成本低、运行在 Linux 平台上、支持多种编程语言等特性。

Hadoop 目前已经在各个领域得到了广泛的应用，如雅虎、Facebook、百度、淘宝、网易等公司都建立了自己的 Hadoop 集群。

经过多年发展，Hadoop 生态系统已经变得非常成熟和完善，包括 Zookeeper、HDFS、MapReduce、HBase、Hive、Pig 等子项目，其中 HDFS 和 MapReduce 是 Hadoop 的两大核心组件。本章最后解释了如何在 Linux 系统下完成 Hadoop 的安装和配置。

第三章　大数据处理架构 SPSS Modeler

数据挖掘是一种利用各种方法，从海量数据中提取隐含、潜在的有用信息和模式的过程。SPSS Modeler 是将高深的数据挖掘理论应用到数据分析实践中的最好软件之一，目前已经成为进行数据挖掘的主流工具之一。

本章首先解释 SPSS Modeler 的发展历史、软件特点、软件功能以及安装过程等，随后分析在 8 个行业研究中的应用，以及使用 SPSS Modeler 进行数据挖掘的 6 个基本步骤，最后利用 SPSS Modeler 软件，使用决策树模型对药物效果进行深入研究，并得出相应的结论。

第一节　SPSS Modeler 软件概述

一、SPSS Modeler 的概述

SPSS Modeler 是应用于企业层次的数据挖掘工作平台。Modeler 封装了最先进的统计学和数据挖掘技术，用于获得预测知识并将相应的决策方案部署到现有的业务系统和业务过程中，从而提高企业的效益。

（一）SPSS Modeler 软件的发展

SPSS Modeler 是 ISL（Integral Solutions Limited）公司研发的数据挖掘工具平台，1999 年 SPSS 公司收购 ISL 公司后，重新整顿组合和开发该产品，并将原名 Clememine 改为现在的名字。2009 年 7 月，SPSS 公司在被 IBM 用 12 亿美元现金收购后，IBM 更是较大规模改良和提高了该产品的性能和功能，如今 SPSS Modeler 已然是 IBM 公司的又一代表产品。

Modeler 为了服务于商业问题，使之能获得最佳的解决，以最优

秀、范围最广的数据挖掘技术，让用户可以用最合适的分析技术来解决对应的问题。在繁杂的数据表格遮掩改善业务时机的情况下，Modeler 也可以最大限度地施行标准的数据挖掘过程，从而使用户获得商业问题的最佳解决方案。

SPSS Modeler 具备清晰的操作界面、自动化的数据准备和经过历练的预测分析模型，再加上商业技术知识，就可以迅速建立预测性模型，从而运用到商业过程中，使人们获得更好的决策过程。通过 SPSS Modeler 可拥有预测洞察力，可以尽快促进客户与企业实时交互，并且在企业内部共同分享这些洞察力。

全球的数据挖掘人员和企业用户都非常喜爱 SPSS Modeler，这要归功于其无可比拟的分析能力、可视化的操作方式、高度的可扩展性。由于 SPSS Modeler 有很多独一无二的功能，如今企业都将它作为预测分析的第一选择。通过 SPSS Modeler，将会非常容易获得、准备和整理结构化数据和网页、文本、调查数据；依靠 SPSS Modeler 中层次最高的统计分析和机器学习技术，能迅速建立和评估模型；依照计划（或者实时）将预测模型和洞察力送交给决策层或有效地运用到系统中。

目前 SPSS Modeler 的最新版本是 18.0，与以前的版本相比，模型和功能都得到了完善，新特性主要表现为如下几点。

（1）GLMM 建模节点。因为广义线性混合模型（GLMM）增加了线性模型，所以分析目标包括非正态分布可借助特定的关联函数与因子、协变量线性相关。由简单线性回归到复杂的非正态纵向数据多变量模型的各类模型均被包含在广义线性混合模型中。

（2）流属性和优化重新设计。现已重新设计"流属性"对话框中的"选项"选项卡，并将选项按类别分组。"优化"选项已从"用户选项"移至"流属性"。

（3）"汇总"节点增强。现在"汇总"节点支持多种新的汇总模式以用于汇总字段，即中位数、计数、方差等。

（4）"合并"节点支持条件合并。可根据是否满足某个条件来执行输入记录合并，可直接在节点中指定条件，也可使用表达式构建器来构建条件。

（5）放大和缩小流视图。SPSS Modeler 18.0 可以从标准大小放大或缩小整个流视图。

该功能非常适合用于获得某个复杂流的总体视图，或者减少在打印某个流时所需的页数。

（6）在"图形板"节点中支持地图。"图形板"节点可以支持多种地图类型，其中包括分区图（不同区域具有不同颜色或图案以指示不同值）与点重叠地图（地理空间点在地图上重叠）。

（二）SPSS Modeler 软件的界面

在正常安装 SPSS Modeler 的情况下，使用的版本号是 18.0，启动后的工作界面，如果遇到不能正常启动或其他问题，请卸载软件并重新安装。

1. Modeler 项目的数据流设计区

Modeler 项目中可以同时开启多个数据流设计区。

2. Modeler 项目的管理区

管理区包括"流""输出""模型"3 个选项卡，主要用于在建模过程中对数据和结果进行有效管理。

（1）流。SPSS Modeler 界面上可以同时存在多个数据流，通过在管理区的"流"选项卡中单击可切换不同的数据流。

（2）输出。与工具栏中的输出不同，这里是模型产生的分析结果，例如数据源连接到矩阵、数据审查、直方图工具，在执行数据流后，这个工具产生了 3 个输出，在管理区的"输出"选项卡中双击这些输出，可查看图形或报表。

（3）模型。与工具栏中的建模不同，这里是模型工具产生的分析结果，例如数据源连接到时间序列、回归等建模节点，在执行数据流后，产生模型输出。在管理区的模型栏中右击这些输出，在弹出的快捷菜单中选择"浏览"就可以看到输出的建模结果。

3. Modeler 项目的项目区

它是对项目的管理，提供了两种视图：CRISP-DM 和类。其中

CRISP-DM（数据挖掘跨行业标准流程）是由 SPSS、DaimlerChrysler、NCR 共同提出的。在 Modeler 里借助组合 CRISP-DM 的 6 个环节完成项目，在项目中可以加入流、输出、节点、模型等。

4. Modeler 项目的工具面板区

工具面板区是 SPSS Modeler 在建模等过程中可以使用的工具。

SPSS Modeler 的工具面板区主要包括"源"选项卡、"记录选项"选项卡、"字段选项"选项卡、"图形"选项卡、"建模"选项卡等 9 大工具类别。

（1）"源"选项卡。"源"选项卡包含 SPSS Modeler 可以直接读取的所有数据源格式，主要有数据库、可变文件、固定文件、Excel 文件、SAS 文件、Statistics 文件等。

（2）"记录选项"选项卡。"记录选项"选项卡用于对数据行进行转换，包含选择、汇总、排序、合并、追加、区分等。其中"选择"节点是选出符合条件的数据；"汇总"节点是将数据按照特定条件进行汇总统计；"排序"节点是将数据按照一定的规则进行排序；"合并"节点是将两个及以上的文件按照关键字等进行整合；"追加"节点是将两个及以上的文件进行数据的累加；"区分"节点是按照条件将重复数据删除。

（3）"字段选项"选项卡。"字段选项"选项卡用于对列进行转换，包含类型、过滤、导出、填充、转置、时间区间、字段重排等。

（4）"图形"选项卡。"图形"选项卡用于数据的可视化分析，包括 SPSS Modeler 可做出的主要图形，如网络图、评估图、直方图、多重散点图、分布图、时间散点图等。

（5）"建模"选项卡。SPSS Modeler 中包括了丰富的数据挖掘模型，提供了一系列的数据挖掘技术，用来进行预测、聚类、关联、分类等，可满足任何数据挖掘应用。

（6）"输出"选项卡。SPSS Modeler 的输出不仅仅是 ETL 过程，还包括了对数据的统计分析报告输出，如表、矩阵、分析、数据审核、变换、统计量等。

（7）"导出"选项卡。SPSS Modeler-导/kl 的格式与"源"选项卡类似，包含数据库、平面文件、Excel、SAS 导出、Statistics 导出等。

（8）Statistics 选项卡。SPSS Statistics 在数据分析中经常被使用，SPSS Modeler 为了提高客户日常工作的效率，设置该节点便于模型结果的再利用，从而实现与 SPSS Statistics 的兼容。

（9）Text Analytics（文本挖掘）选项卡。如果 SPSS Modeler 没有安装文本挖掘模块，则工具栏上将没有该工具，该节点是为了实现文本挖掘而添加的。

（三）SPSS Modeler 软件的特点

SPSS Modeler 拥有开放、面向业务的特点，既突出包括数据预处理、数据探索、模型展示、模型设计及模型评估等建模能力，也可以满足使用人员对操作友好性和流程标准性的需求。

1. SPSS Modeler 项目全面节省时间特性

为了使研究效率得到提高，SPSS Modeler 提供了很多功能，为研究分析人员提供了更迅速、更方便、更多样的分析建模方式，如可以帮助迅速分辨效果最好的模式，并与多种预测相联合得到最精准结果的自动建模功能。

2. SPSS Modeler 的项目流程易于管理

SPSS Modeler 中产生的所有数据流、表格、图形和模型结果均可以在数据挖掘项目文件中保存下来（如 SPSS Modeler 中可以使用 CRISP-DM 的数据挖掘项目管理功能），所以数据挖掘项目的可重用性和充分共享得到了保障。

3. SPSS Modeler 拥有简易的可视化界面

所有的数据挖掘过程不用编程，只用拖、拉、拽的方法就可以完成，分析人员和业务人员借助与数据流的交互进行合作交流，把业务知识和数据挖掘相融合。与其他各类型的模型相比，SPSS Modeler 可以很容易、快速地探索实验更多的分析方法，更深层次地探索数据，展示更多的隐含联系。

4. SPSS Modeler 拥有国际同步的挖掘技术更新机制

SPSS 始终把学术研究的最前沿如何变为商业智能作为主要研究方

向，为了使 SPSS Modeler 在全球范围内的整体架构和算法细节方面永远保持遥遥领先，以数据挖掘技术的发展和市场需求为基础来源不断提高 SPSS Modeler 的适用性。

5. SPSS Modeler 项目支持不同层次的用户使用

自动模型和专家模型这两种方式包含在 SPSS Modeler 的每种模型和算法中。自动模型方式可以很好地满足一般用户和常见应用的需求，由专家模型方式调整模型中的相关参数，从而得到很多种不同的模型，可以让专业分析人员得到满意的结果。

6. SPSS Modeler 兼容已有的 IT 系统

利用 SPSS Modeler 开放兼容的架构可以充分运用已有 IT 资源，不需要另外的硬件设施，在已经存在的数据库实施数据挖掘，可以非常迅速地评估几百万条记录。

7. SPSS Modeler 拥有强大全面的帮助功能

SPSS Modeler 可以不分时间地点地为各个阶层的用户服务，详细的操作使用手册，再加上大量由分析人员分享的应用实例，帮助用户在查询的过程中轻松学会分析、建模，在不知不觉中掌握如何预测客户流失或寻找出最有价值的客户。

（四）SPSS Modeler 软件的功能

SPSS Modeler 具有与数据挖掘有关的数据理解、数据抽取、加载转换、数据分析、建模、评估、部署等全系列的功能。

1. SPSS Modeler 拥有多样的数据处理方法

选择、抽样（随机、聚类和分层）、汇总、平衡、排序、追加、区分、合并，是 SPSS Modeler 中对记录的操作；过滤、填充、导出新字段、集合字段重新分类、连续字段离散化、重新结构化、分区、转置、时间区间等是 SPSS Modeler 中对字段的操作。在 SPSS Modeler 中有丰富的数据处理节点，分析人员在不熟练数据库语言的情况下，通过拖拉的方法就可以对数据进行预处理。

2. SPSS Modeler 拥有清晰简单的模型评估

收益图表、响应图表、提升图表、利润图表、投资回报图表都是

SPSS Modeler 提供的评估图表。通过积累评估图表，大部分情况下都可以使模型获得更好的整体运行状态。另外，可通过使用 SPSS Modeler 中"输出"选项卡中的"分析""矩阵""统计"等节点输出表格、统计量等来判断模型的效果。

3. SPSS Modeler 拥有庞大的数据读取能力

SPSS Modeler 没有对数据源、所在平台和数据格式的顾虑，可以接受各类数据源和数据文件，进行方便、及时的数据访问。

此软件可以处理多种格式的数据，可以从自由格式数据、Excel、可变长度记录、二进制文件等多种类型的文件中读取所有格式的数据，既可以在 SPSS DamAccess Pack 的帮助下直接连接如 IBM DB2、Oracle、SQL Server、Sybase、SQL ServerInformix 等大多数主流数据库，也可以借助由第三方提供的开放 ODBC 与 Teradam 等其他数据库连接。在使用 SPSS Modeler 白金版的情况下，可接受大量的非结构化数据如文件、Web 2.0 等。

4. SPSS Modeler 拥有性能优越的三层体系架构

在主流的商业应用中，Database Server + SPSS Modeler Server 服务器 + SPSS Modeler Client 客户端的三层分布式体系结构，被 SPSS Modeler 应用于主要的商业活动中，SPSS Modeler Server 可以和一个或多个 SPSS Modeler Client 端程序共同运行。

5. SPSS Modeler 拥有丰富的数据导出格式

为了便捷使用结果数据，SAS 文件、Excel 文件与 ODBC 兼容的相关数据源等都是由 SPSS Modeler 能够导出的格式。

6. SPSS Modeler 拥有可变为图形的数据研究方法

SPSS Modeler 将动画、3D 和图形等多类可视化技术汇融在一起来处理多维数据，可做出散点图、堆积图、分布图、网络图、直方图、时间散点图、评估图和多重散点图等多种图形，清晰地展现出数据的模式、特征和关联性。数据表格、统计报告、交叉列联表、数据审核报告、质量报告等均为 SPSS Modeler 中的输出。

7. SPSS Modeler 支持多种多样的产品部署

在 SPSS Modeler 中，可以设计定时、定期的模型运行方案，也允许直接在数据库中快速地评估模型，还能够将模型保存为可以二次研发的 PMML 的通用格式，SPSS Modeler 可以支持多种多样的部署方式。

（1）SPSS Modeler Server。该服务器软件装配在服务器计算机上，利用网络与数据库和 SPSS Modeler 互相连接。Windows 系统中，SPSS Modeler Server 以服务运行；UNIX 系统中以守护进程运行，并且在两种系统中等候客户端连接。SPSS Modeler 建立的流和脚本将会由其执行运用。

（2）SPSS Modeler Client。该客户端软件装配在最终用户使用的计算机上。在客户端软件上将会展示有数据挖掘结果的用户界面。该客户端是一个完完整整的 SPSS Modeler 软件安装程序，不过在和 SPSS Modeler Server 相连来完成分布式分析的时候，该客户端的引擎没有激活，这个时候，SPSS Modeler Client 只能在 Windows 系统中工作。

（3）Database Server 数据库服务器。数据库服务器能够是某个已经存在数据集市（譬如以大型 UNIX 服务器为基础的 Oracle 服务器），也可以是以减少对其他业务系统的影响力而在本地或部门服务器中成立的数据集市（譬如以 Windows 为基础的 SQL Server）。

该软件拥有非常高速的处理大数据集的能力，因为在把资源集约型操作的请求发送给功能强大的 Modeler 服务器软件，在分布式分析模式下连续运行，服务器完成内存集约型操作在同时进行，省去把数据下载至客户端计算机的步骤。Modeler Server 还能够优化 SQL 和数据库建模，增强了在性能和自动化方面的竞争力。

Modeler Server 能够在 Windows 系统和 UNIX 上使用，可以非常灵活方便地选择安装平台。无论在哪一个平台上，都能够通过指定高速、大型的服务器计算机来完成数据挖掘。

（五）SPSS Modeler 软件的算法

作为可以为用户提供各种数据发掘的一项技术，SPSS Modeler 能够满足使用者各项数据挖掘方面的需求。主要是在成千上万种算法中挑选出最合适的一款算法，帮助用户做好预测、聚集、关联、分类等各项数据管理、处理等任务。

1. 关联性分析模型

在日常运用中，用户可以运用 Apriori 和 Carma 算法来寻找并掌握数据中的关联规则。

2. 聚类模型

在寻找记录相似的组，进而为这些所属组的记录标记标签时，通常会运用到聚类模型。这些运算与事先掌握组信息、组特征无关，乃至于都不用掌握究竟需要查找多少个组。操作简单便捷，受到用户的一致好评。

3. 数据探索类模型

用户在数据挖掘工作中要遭遇海量的数据变量，为了做好模型建模，往往要投入大量的时间、精力用于验证模型以及大量的变量。SPSS Modeler 提供了多种数据探索类模型，其中就使用了"特征选择"节点，利用这项技术就可以提高工作效率，促使那些不必要的、对决策无关紧要的变量立马原形显现，达到事半功倍的效果，从而更加高效地组建出容易管理、与用户意志高度吻合的模型属性集合。此外，还有一种称为"主成分分析/因子分析"的算法，这种算法同样也能够向客户提供坚强有用、精准无误的辨别技术，以达到简化数据算法的难度。

4. 神经网络模型

从传统意义上来看，神经网络模型是一款意义非凡、功能强大的一般函数预测器，被广泛运用于分类建模。它拥有着大规模并行、分布式存储处理的特点，同时也能够自组织、自适应和自学习。它在处理多个因素条件并行、数据模糊不精准等非一般性的信息问题时有着独到的办法。神经网络模型用神经元数学模型来阐释，表现为网络拓扑、学习规则。

5. 决策树模型

这种模型为用户开发分类系统提供了便利条件，一旦开发出分类系统，用户便可以利用自己预设的决策规则去预测、分类将来即将发生的观测值。预算金额和非预算金额、规定内和非规定内、人事工作和非人事工作等这些都是数据关注的类别，用户在分类前述数据时均可以利用自己预先构建的规则，以达到更加精准、更加高效的目的。举个例子，在构建信用风险、购买意向等分类树时，用户就可以预先设置年龄、性别等包含各类因素的观测值，从而达到数据分类的目的。综上所述，SPSS Modeler 就是一项高度符合以上需求的，能够提供各种算法的，支持用户决策的树分类。

6. 时间序列分析模型

这种算法是专门用于预测时间先后序列数据的一种模型，它将指数平滑、单变量 ARIMA、多变量 ARIMA 三种算法合而为一，满足了正常的算法需求。在这个基础上，SPSS Modeler 还为用户开发出了"专家模式"用以满足不同的需求。这种模式可以从众多算法中自动侦测和评估出最合适的那一种算法，从而为用户计算出最精准的预测结果。通过这样的计算方法，一方面减少了用户在模型训练中调试的时间，另一方面还降低了训练误差。因此，可以得出结论：无论是什么样的需求和情况，专家模式均能最大限度上地进行匹配，并以最高效的服务效率给予建模。

在上述几种模型的基础上，SPSS Modeler 还提供了线性回归、逻辑回归、广义线性模型、判别分析、Cox 回归 SVM（Support Vector Machines）、贝叶斯网络等多种算法供用户根据不同的情况去选择，此外它还开发出预测值和实际值的通道。

（六）SPSS Modeler 软件的高级功能

Modeler 高级版是一个高绩效的预测性和文本分析工作台，能从数据中提供前所未有的洞察力。各类企业都发现他们可以使用 SPSS Modeler 的预测功能吸引客户，强化其忠诚度，根据成本效益减少客户流失和降低风险。公共部门组织可从 SPSS Modeler 的使用中大受裨益：前瞻性地应对公共安全问题，应对许多其他的运营挑战。通过使用历史数据，SPSS Modeler 可预测结果，理解隐藏在数据中的关系。有了这种理解力，可使用强大可靠的分析技术，更深入地洞察客户、学生或选民，更快解决任何业务问题。

但如果大部分数据都呈现为非格式化或文本的形式——评论、文件或网页中，该怎么办呢？只使用结构化数据的建模不可能完全展现业务流程和结果。SPSS Modeler 高级版允许挖掘所有形式的数据中包含的智能预测。它的分析对象不仅仅是结构化的数值型数据，还包括网页活动、博客内容、客户反馈、电子邮件、文章等非结构化数据信息，可发现概念和观点的关系，尽可能建立最准确的预测模型。它的实体分析功能可在记录中解决身份识别冲突，能够提高当前数据的连贯性和一致性。在客户关系管理、欺诈检测、反洗钱和安全方面，身份识别解决方案至关重要。

SPSS Modeler 高级版中的社交网络功能将关系信息转化为关键绩效指标，展现个体和群体的社交行为，能认出在网络中影响他人行为的社交领袖。将这些结果与其他措施结合起来，可以建立完善的个人档案，将其作为预测模型的基础，SPSS Modeler 高级版可使在交互、可视的环境中同时进行文本分析和数据挖掘。用户可在直观的图形界面中轻松查看"数据流"中数据挖掘流程的每个步骤。文本分析简单高效，借助交互图表帮助探索、展示文本数据和模式以进行即时分析，强大的分类和归类技术可将文本转化成可分析的资产。

深入了解 IBM SPSS Modeler 高级版，借助 SPSS Modeler 高级版特有的功能组合，在规划和做出日常决策时可更加专注和敏捷，从而更好地了解企业、运营环境、客户和其他利益相关者，这些功能包括以下几方面。

（1）实体分析。企业经常合并多种数据来源，但记录里没有明确的匹配时该怎么办呢？

SPSS Modeler 高级版的实体分析功能可发现这些关系，并提供不明显的身份识别和关系认知，使得可在适宜时巩固记录，或将其分开。实体分析在边境安全、检测欺诈和适当识别犯罪嫌疑人方面十分重要。对于想要在营销活动中避免向同一人提供不同报价，或者是确保正在建立准确模型的企业来说也非常有用。

（2）社交网络分析。用于发现社交实体间的关系和这些关系对个体行为产生的影响。

SPSS Modeler 高级版的社交网络分析功能对电信行业和其他关注

流失的行业来说特别有用。可以识别出不同的群体和群体领袖，并根据领袖的影响力判断成员是否会流失。该软件包含可大大增强模型、预测流失的两大功能：群体分析、在数据中识别群体及其领袖。扩散分析使用现有的流失信息找出之前的流失人员和人员流失的影响因素。

（3）大数据分析。IBM SPSS Modeler 高级版可以轻松整合 IBM 和非 IBM 数据库，更快、更有效地部署模型并对模型评级。可在数据库内部对数据评分，也可实时对事务型数据评分，如大额销售量、客户服务和索赔事务。

（4）IBM Cognos 软件集成。分析人员可以通过 Cognos Business Intelligence 软件直接访问结构化数据，快速、可靠地判断具体结果的可能性。可以向业务用户和所有依赖 Cognos 仪表板的利益相关者提供从客户视图收集的、结合了结构化和非结构化数据的智能预测。

（5）IBM Netezza 功能。在 Netezza 设备中可执行数据库内分析，建立和部署可按比例显示页面大小的分析型应用程序。

二、SPSS Modeler 软件的行业应用

作为统计分析软件的领导品牌，SPSS 软件能够针对不同的应用需要，利用先进的数据分析和统计方法，科学、系统地规划设计研究方案并采集数据，从数据中分析规律并对关键问题做出预测，最终可以将根据分析结果做出的应用模型部署到业务流程中，从而提高决策效率和执行力，因此该软件在各个行业都有重要、广泛的应用。

（一）SPSS Modeler 在通信行业的应用

通过各种有效的途径去获取电信客户的个人信息，以此来满足每一名用户时时提出的五花八门的需求，从而得到用户的好评。在这种情况下，电信运营商选择了 SPSS 软件用来打开最新、最全的客户视角。事实上，之后的运营过程也证实了这一点。

关于电信行业分析的专题非常丰富，包括客户流失分析、客户细分分析和满意度分析等，见表3-1。

表 3-1　通信行业分析专题

客户流失	·哪些客户可能流失、客户可能在何时流失 ·客户为什么流失 ·客户流失的影响 ·如何使客户保留
客户细分	·谁是高价值客户，谁是未来的客户 ·现有客户中的消费行为有哪些规律
营销响应	·开展营销活动的对象都有哪些 ·开展营销活动的频率应该多久 ·开展营销活动的时机如何选择 ·开展营销活动的方法如何制定
动态防欺诈	·各种骗费、欠费行为有何内在规律 ·如何预防欺诈行为
满意度分析	·各品牌客户、集团客户如何评价公司整体服务工作 ·各品牌客户在公司各商业流程环节中的体验感是否满意 ·各品牌客户能否长期选择公司的服务 ·从横向角度来看，公司的市场保有度如何
……	·…… ·……

　　在通信行业中，SPSS 长期投入了大量的人力、物力，以此来确保通信运营商能够长期得到优质的产品以及高效的服务，从而保证历年来市场的保有度不会降低。此外，SPSS 还与其他集成厂商一道联手，为通信运营商提供更全面、细致的服务。挖掘潜在的客户、细分客户的消费行为、给客户推荐合适的产品、维系优质客户等，利用数据挖掘技术，遵循 CRISP. DM 数据挖掘方法，提高客户的现有通信业务能力，全力为推动国家通信事业而献出光和热。为了更好地提高服务质量，在筹划通信行业解决方案的时候主要侧重于客户需求，通过反复、

深入的研究客户的各项消费行为，结合他们不同阶段的消费特征，从而一对一建立各有侧重的主题数据挖掘模型，见表3-2。

表3-2 SPSS Modeler 模型的多样性

业务模型	SPSS Modeler 模型
客户生命周期模型	Cox 回归
客户细分模型	K. Means、Kohonen 两步聚类
交叉销售模型	GRI、Apriori、CARMA
核心客户识别模型	C5.0、C&R、Logistic 回归
客户流失预警模型	CHAID、QUEST
客户渠道响应模型	KNN、神经网络
主动营销模型	SVM 贝叶斯网络

（二）SPSS Modeler 在政府行业的应用

在筹划政府行业解决方案时，SPSS 投入了大量的精力致力于建立和普及信息数字化、服务网络化、决策科学化。在这些方案中，SPSS 还结合各行业特点和需求，前期做足了充分的考察调研工作，最终制定出包含信息采集解决方案、办公自动化解决方案、信息查询分析解决方案、统计与数据挖掘决策支持解决方案在内的政府行业解决方案。得到了政府部门的极大信赖和好评。

1. 犯罪行为分析

SPSS Modeler 软件可进行犯罪行为分析，用以降低犯罪系数，优化出警力。从公安系统中搜集、汇总、分析关联案件、串并案件，从而判断犯罪率的走势，定夺犯罪的高发期、高发地、高发人群，达到预警提示的目的。在这期间，SPSS 利用了将近二十年的时间，不断将公安系统的信息化建强建大，达到了纵向成长，横向提高的预期目的。目前，我国公安系统信息化建设已经具备了相当大的规模，体现在公安信息网已经上传国家公安部，下达乡镇派出所，全国各级公安机关数以万计的办公电脑已经全部纳入了公安信息专网。同时，以公安信息专网为载体的各类推广和应用，已经开始大量普及和运用，实现了

"天网恢恢疏而不漏"的真正内涵。

2. 辅助税收管理

SPSS Modeler 软件可辅助税收管理，进而促进提高税收效益，减少欠税率。SPSS 预测性分析解决方案提出了 3 种方式去优化税收管理的决策支持。

（1）未申报发现。用于发现未申报的有潜在税务责任的商业公司或个人。

（2）稽查选案。用于识别容易偷漏税的纳税人。

（3）征收管理。针对不同的征收案例制定正确的征收策略。

（三）SPSS Modeler 软件在金融行业的应用

在金融业分析方案中，SPSS 得以大展拳脚。本着全面增加客户数量，实现收益最大化的初衷，这项方案以银行和保险业客户为对象，以帮助相互交叉销售为目的，以增加销售收入为宗旨，采取了细分和细致的存款、投资、理财等行为描述来最大限度上地增加市场保有度，再从这些客户中选取有价值地进行重点挽留。综上所述，SPSS 金融业分析方案进一步提高了市场活动的响应，降低了市场推广的成本。

1. 客户细分

SPSS Modeler 可进行客户细分，以降低风险为基础，最大化提高客户收益。在当今市场全球化的经济社会中，并购浪潮已经愈显愈烈，市场竞争也越来越白热化。以此为背景的新情况下的管理需求对金融机构业务改革提出了极为严格的要求。为了在如此激烈的市场竞争中占得一席之地，一些视野开阔、有着革新意识的金融服务机构正在悄然地陆续通过统计分析和数据挖掘技术来获得更有价值客户的青睐，并以此来提高收益。这些新兴金融服务机构一边分析客户特征和产品特征，一边细分客户和市场。

2. 欺诈监测

SPSS Modeler 可用于欺诈监测，以预警欺诈、降低发生概率来减少成本。

在社会金融活动中，为了抗衡各类欺诈活动，各类预警分析工作要首当其冲，这是将诈骗活动扼杀在摇篮中最有效的一种手段。有效预警的内容包含时间、地点、人物、手段，此时，Modeler 又恰逢时机的出现了。在预测欺诈，降低发生概率的方案中，Modeler 主要是利用数据挖掘技术侦测，通过这种手段就能轻易获取预测欺诈活动发生的时间和地点。作为以银行业为主体运营手段的公司，自动取款机（ATM）是最为薄弱的一个环节，大数据显示，绝大部分犯罪分子均是利用自动取款机实施诈骗。针对这个特点，Modeler 通过数据挖掘技术，能够有效预测欺诈性自动取款机交易。此外，银行工作人员也能够通过 Modeler 对欺诈行为进行预测，预测的具体内容甚至可以具体到什么时间、哪个位置上去。预测完毕后，该类信息就能够及时、准确地发送给每名隶属于 ATM 网络的成员，这些成员机构拿到预警信息后，会第一时间通知每名下辖客户，以确保每名客户都能在法律约束的框架内稳妥开展交易行为，从而也较大程度上杜绝了大部分的欺诈行为。此外，借助这些预警性信息，银行公司也能够第一时间采取诸如冻结账户等必要、有效的手段。

3. 交叉销售

SPSS Modeler 可应用于交叉销售，以杜绝饱和式市场竞争。通俗来讲，客户在企业服务中得到更多、更优质的产品，客户就会凭借物美价廉、性价比高的消费者心理更加乐意与企业接触，企业也会有更大的概率掌握到客户的消费倾向和重点。那么，这家企业就会比其他企业更有能力去满足客户的需求。大数据显示，每名客户与一家银行保持的关系与该客户开通的服务项目、银行存款的利率有着极大的关联。企业与下辖客户间的相互销售越频繁，客户选择该企业的服务数目就会越多，同时，客户就会增加银行服务期限，利润率也会随之增长。以上种种，都说明了企业、客户之间交叉销售的千丝万缕。

SPSS 能够在客户的交易数据、自然属性中寻得一丝规律，从而推广可以被客户所接受的捆绑式销售和服务，并且确定新的价值产品和组合服务。以此来向客户提供其他服务，确定自身的灵活式收入不单一，客户收益率不降低。

4. 寻找流失客户

SPSS Modeler 可寻找流失的客户，进而增加有价值客户的信赖程度。众所周知，银行业及保险业最担心的就是客户流失，一旦客户流失就为单位带来了不可挽回的损失。基于这一点，银行业、保险业需要经常开展一些丰富多样的活动以保留这些客户。为了做好这项工作，他们首先要做的就是确定好有价值客户人选，掌握他们的心理和需求，Modeler 正是在这种时候崭露头角。在它的帮助下，银行业、保险业得以在众多的客户中进行分类，再于这些分类组群中寻得每一名有意向的、开始行动的客户流失者。再通过分析后，最大限度上地、最低成本地及时采取措施进行保留。自此，银行业、保险业就可以轻松地运用 Modeler 模型对照每名客户的保留价值和流失倾向进行排序，继而确定出最有价值的客户，并重点进行保留。

（四）SPSS Modeler 在制造行业的应用

在企业化管理中，制造商如果需要进一步提升生产管理工作的精细化水平，其中一条途径便是不断跃升质量管理水平。当今的美国，有着 85% 比例以上的制造业公司都试图启用 SPSS 的分析工具来实现这一目标。SPSS 则采取预估订货渠道、库存折中和维持部分零部件的定价等方式，一边提升大部分客户的满意度，一边确保制造业公司不断提升收益。利用 SPSS 的预测分析工具，客户可以随时调配最符合自身需求的库存量，敲定每个零部件最佳的购入时间和数量。SPSS 还利用通俗易懂的质量控制图标程序对每件产品质量进行时时监督、掌控。

SPSS 是众多商业研判工具中的佼佼者，它涵盖了制造业质量管理体系中数据管理、统计分析、趋势研究、制表绘图等众多范畴内容，拥有着不俗的表现。借助于 SPSS 统计分析软件、运用统计方法，客户可以在生产、管理、经营的各个不同阶段时时统计研判质量信息。此外，SPSS 的分析方法主要涵盖数据收集、数据处理、多元化指标描述、多元化指标处理、控制图编制、实例设计、产品验收、成本分析等诸多研判方法。

SPSS Modeler 是一种集成了算法的数据发掘模型，在业界长期处于技术领先的地位，制造行业可以利用它来实现传统方法所不能完成的预测分析。常见的解决方案可以完成：预测需求、规划策略、预测生产模式、分析生产过程、研判长期走势、分析异常模式、分析产品质量、工艺参数预测模型等任务。

举一个例子，现在有一些工厂由于没有行之有效的信息技术，90%左右的信息数据长期得不到维护更新，但是如果一经处理加以利用，则为工厂注入新的活力，全面带动生产经营活动。这个问题是共性问题，也是目前企业生产效益低的主要技术瓶颈。如何从与生产有关的诸多变量中，考察和筛选一项符合用户意向、维数不高的描述性模型，这是一个处理多变量数据工作中的疑难杂症，仅仅通过传统意义上、简单的使用数学建模来实现生产管理、优化控制的目标，这在操作上存在一定的难度。

此时，数据挖掘技术就应运而生了，它能够通过各种复杂的非线性问题的优化、故障诊断、财务分析等方式，最大限度地提高了企业效益。拿一家钢铁工业公司举个例子，这家公司自从引入先进的数据挖掘算法后，并结合钢铁生产数据挖掘相关知识，不断优化生产技术、配方比例、质量拿捏、故障排除、安全掌控、市场研判、供需链管理、资源分配、生产调度，从而为这家公司带来了更多的收益。当今社会伴随着钢铁企业信息化、网络化高度发展，企业采取及时有效的数据挖掘技术，将高度利用多层次信息化数据，继而不断跃升经济收益。因此，可以发现数据挖掘技术对于未来发展的重大意义。

（五）SPSS Modeler 在医药行业的应用

SPSS 使用的统计技术能够在医学以及生物学科各种专业领域中发挥极大的作用，具体是为心理学、病理学、药物治疗、预防与控制流行疾病等工作作出贡献。此外，它还可以在一些新发展的基因工程研究方面发挥重大作用。综上所述，SPSS 在用户实际分析研究课题中，能够较好地发挥作用，为用户解决实际困难问题。同时，它也以友好直观的界面，强大全面的功能博得了全球范围内用户的好评。

在针对医学、心理学、生物学和药物疗效研究的实例领域，需要对分类变量的关联性进行研究，此类问题可以使用 SPSS 的列联表分析技术，它还提供了多维表的统计独立性检验、Kappa 一致性检验以及

RiskAnalysis 风险分析等功能。对于连续性的观测，如血红素含量的检查、不同药品治愈率的比较等，可以使用方差分析进行研究。

（六）SPSS Modeler 在教育科研领域的应用

目前，高等院校面临着前所未有的压力，SPSS 软件能够助力教育机构加强学科建设，提高学生的竞争力。

我国科学家在研究实证、分析数据等工作上都比较薄弱，这主要是由于我国的学术研究还停留在传统的方式上。相反，国际学术研究工作通过使用各类统计学工具，使得实证研究方法比较系统、比较科学。因此，无论是放眼国际的专家学者还是刚入校的学生，努力掌握并应用好统计分析工具和实证研究方法，都是迎接挑战所做的准备工作。

与国际专业学术界相互交流的时候，要使用到实证研究方法、统计工具等第三方工具。此时，SPSS 这款全球都比较有名的统计类分析软件就发挥了作用，这也得到了国际学术界的一致肯定。在掌握并应用 SPSS 统计分析软件开展研究的过程中，研究人员可以得到最好的统计分析和实证研究方法的实践训练，研究人员的研究水平和研究能力能够快速得以提高，因此，SPSS 软件是加强学科建设的利器。

客户通过 SPSS 能够全面、快捷地进行统计分析，从而辅助教学。在这一过程中，SPSS 通过全面、直观、强大的功能，促使学生在掌握理论知识的同时，还能够学到实践操作。这些对以后的科研、工作有很大作用，能大大提高其择业竞争力。现在热门专业的工作岗位，特别是和市场、产品研发等有关的，在招聘要求上除了办公软件的掌握外，都要求掌握 SPSS 统计分析软件，因此，培养学生掌握 SPSS 统计分析工具，在未来职场竞争中，是和英语、计算机一样重要的基本要求。

SPSS 能够为客户提供大多数的产品、计划和服务，为更多的教育行业、多种关键应用进行服务，从而可以更好地了解面临的机遇与挑战。

（七）SPSS Modeler 在市场调研领域的应用

SPSS 能够为各类调查机构作出各种持续性的产品服务，从而确保用户采集、分析数据，实现一整套全面的流程。SPSS Data Collection 作为一种能够提供整套调查研究流程的产品，它能够设计项目、收集数据、分析报告过程。数据收集中又包含在线调查、电话调查、离线调查和录入数据。

SPSS 面向市场调查行业提供一系列解决方案和服务，以满足专业调查研究人员高水准调查业务的需要。从客户满意度研究到新产品评估，SPSS 都是首选的进行市场研究的长期合作伙伴。

如何才能知道客户想要些什么和他们的价值呢？最好的办法就是直接向他们发问。客户的反馈帮助揭示他们的行为，而这些问题是难以从商业交易和人口统计学数据中找到答案的。通过对调查研究的回应和客户的行动数据进行深入分析，可以更好地迎合客户的意见和态度，更清楚他们是谁、在做些什么。

（八）SPSS Modeler 在连锁零售行业的应用

SPSS 从事研究营销活动、零售活动、分析电子商务等数据分析工作，并提供解决方案方面已经有 30 余年的经验了。此外，它还为数据输入整理、分析预测、分析报告、建立模型、探索分析等工作提供了完整、全面的解决方案。以此，SPSS 能够为客户预测走势、拔得头筹。一些连锁性零售企业在经营活动中，往往致力于汇集众多商品、顾客的数据，掌握的数据也成了这些零售企业的核心价值。因此，挖掘数据、深入分析这些手段都成了企业的重要手段之一，这些也成了大多数连锁零售企业的头疼问题。对于企业，为消费者建立零售业价值网络开始成为越来越关注的问题，此时，数据挖掘、商业智能技术开始崭露头角，并且在长期的实践中有效解决了上述问题。当前，SPSS 的解决方案已经越来越受客户的欢迎，它已经出现在了管理客户关系、提升顾客价值、细分客户归属等各种应用主题中。

连锁零售业的营销分析，主要的研究领域除了传统的商圈分析和选址规划、顾客满意度研究、品类管理外，在数据库技术的广泛应用和会员卡业务大力推广的支撑下，新兴的营销分析涵盖了会员客户细分、交叉销售和促销分析等研究，不但成为热点，也成为企业新的利润增长点。SPSS 的研究服务和解决方案，能够极大地帮助零售企业提高研究效果。

连锁的零售业在数据挖掘中是主要对象，主要由于这些零售业在长期的经营活动中囤积了大量数据。这些数据都是从顾客购物记录、出入库登记、消费服务等各种记录中获取的，它也能够通过现下比较突兀的电子商务发掘各类数据源头。随着经济的飞速增长和人口结构的变化，零售连锁行业已经从单纯依靠网点数量的持续增长逐渐转变为多元化零售。

无论连锁零售企业采用何种经营方式，客户仍然是连锁零售企业发展的核心，关注客户的数据分析是关键。SPSS 的解决方案支持对于客户细分、客户价值提升与流失分析等多种主题的客户分析，使企业获得最有价值的分析结果，直接应用于业务当中，从而提高实际收益。对于连锁零售企业而言，SPSS 通过发掘数据对顾客群体进行进一步细分，通过交叉式的询问、分类和预测，达到精准挑选顾客的目的。继而分辨顾客的购买行为，从中拆分购买模式、购买趋势进行分析，以便更好地进行货架摆设；通过提升服务质量，博取顾客忠诚度、满意度；通过提升货品销售比，策划更加优质的运输、分销策略，达到降低成本的目的。寻找描述性的模式，以便更好地进行市场经营行为的正确辨别。

三、数据挖掘流程分析

一般的条件下，客户发掘一个比较全面的数据要定义在业务问题、选择数据、清理数据、建立模型、调整模型、解释模型以及其他应用中。

数据挖掘工作主要分为以下 6 步：业务理解、数据理解、数据准备、建立模型、评估模型和应用模型。

（一）业务理解

业务理解，就是对商业问题的理解，如何更好地理解客户提出的商业问题困惑。在工作中，要高度明确业务问题的定义，举个例子：使用客户流失分析系统，一定要确定客户流失的定义。主要有两个主要变量：一是财务，非财务原因，二是主动或被动流失。其中，还可以将两个主要变量区分为 4 个类别，自愿、非财务流失的客户才是稳定、保值的。这些顾客会积极响应各类市场活动，同时支付等值的服务费用。因此，应该用心维护这些客户。一家会分析客户流失情况的公司，还会结合公司、个人客户、有所差异的服务以及每名客户消费水平进行客观、公正的研判，从而确定标准。

国外一些做得比较好的电信行业客户流失数据进行分析，往往采取相对指标判别方法。通过调查，可以得知：电信消费者一般投入 1%～3% 的通信费，当这笔消费降低到了这个比例以下，就可以判定这些客户发生了流失。因此，在开发客户流失分析系统的时候，往往要通盘考虑各种不同类别的行业问题，从而进行正确的信息处理。

（二）数据理解

数据理解，即数据的 ETL（Extract Transform Load，数据提取、转换和加载），主要是处理数据中的异常值、空值、错误数值等数据清洗和预处理工作，这部分需要根据数据自身的分布、简单的统计知识、该字段体现的业务特点以及经验进行，一般情况下，这部分的时间占数据挖掘项目的 70% 左右。

清洗数据并进行预处理主要是确保建模正确有效，此外，还利用数据格式内容的规范，确保建模更加正确有效。数据整理主要包含处理转换、整理、抽样、随机、缺失情况下的数据，以此来确保数据质量和可靠。举个例子，在样本数据中客户流失的数据往往不高，一般差不多 8% 左右。这就导致了数据建模工作容易丢失客户特征，建立精准的数据模型存在一定的困难。对此，可以通过一个既定的比例用来对各类客户进行抽样，达成一个可以为建模提供依据的数据源。建模后，客户仍然要用数据对它检验，如果没有这个过程，就存在应用损失的隐患。因此，在工作中，往往将 2/3 的数据用以建模，其他的用以检验。

（三）数据准备

在这个全面的数据挖掘过程中，客户要用 60% 的时间准备数据，这些准备工作涵盖选择目标变量、输入变量、数据建模等几个方面。

1. 目标变量的选择

数据挖掘的目标就是目标变量，在客户流失分析应用中通常用客户流失状态表示。根据这个问题的意义，往往通过一个已知量、多个已知量的组合来表示目标变量。这个值基本能够全面对以上业务问题进行清晰的阐释。在这个系统中，客户可以处理的流失形式有两个方面：一种流失发生在取消账户的时候，另一种流失发生在账户休眠期间。在处理这两种情况的时候，要使用到不同的目标变量。面对账户取消的流失，将这个变量直接选取客户状态——流失、正常。在处置流失情况的时候，客户往往要面对较大的问题。流失一方面的原因是持续休眠过长，甚至超过了给定时间。另一方面，客户休眠时每月的通话金额能够低到什么程度呢？这个问题还是要结合通话金额、时长、次数来鉴定。在实际运用中，要结合目标变量、业务问题通盘选择。所以，选择的时候所面对的所有问题，都要交给业务人员给予解释和办理。

2. 输入变量的选择

在建模的时候，往往要用到输入变量达到寻找自变量和目标变量之间的联系。在决定输入变量的时候，一般选择两种数据：一是静态数据；二是动态数据。

（1）广义来看，静态数据通常指始终如一的数据，例如服务性合同类属性和包括年龄、性别、收入、婚姻状态等在内的基本状态。

（2）动态数据通常为经常改变和定期改变的数据。例如月消费额、交易记录、消费特点等。

在相关业务人员的帮助下，可以正确选择输入变量，并且确定可能性、潜在性与客户流失密切相关的输入变量。这些业务人员通常在实际业务活动中，体会到输入变量、目标变量的潜在联系，这个联系却不能用量化描述。此外，客户在使用数据挖掘的时候还能收到良好的收益。如果暂时还不能确定数据是不是同信用卡流失相关联的时候，通常先确定，然后再通过各变量分布情况、各变量相关性决定。

3. 建模数据的选择

一般的情况下，电信客户丢失主要有两个可能：一是客户自然丢失。比如由于死亡、破产、搬迁、转移等不可预判的行为，导致客户消亡。也有可能是个别客户通过升级 GSM 为 CDMA，导致了长期享受定向服务的客户自然消亡；二是客户转移丢失。这种情况通常指客户由于其他原因选择了其他竞争公司接受服务。作为一个正常的电信行业公司，他们更关心的是客户的消失是否选择了竞争对手。正因为有这种情况的发生，选择建模数据的时候一定要谨慎、小心。

（四）建立模型

建立模型，就是当需要从定量的角度分析和研究问题时，在经历初步深入研究的基础上，简化假设、分析内在规律等步骤后，用数学的符号和语言，把它表述为数学模型，然后用模型结果来解释实际问题，并接受实际的检验。

在建模前，必须了解问题的实际背景，明确其实际意义，掌握对象的各种信息，结合这些对象的特征，通过建模的目的，客户可以简化这些问题，同时利用精准的语言进行个别合适的假设。在假设的基础上，选择目标变量 Y 和合适的因变量 X，并利用适当的数学工具来表示各个变量以及常量之间的数学关系，在这一过程中尽可能使用简单的数学工具。

数据挖掘的核心内容是调整、建立模型，这个工作一般由更加专业的分析专家进行操作。另外，这些有差别的商业问题、数据分布属性，有概率对模型建立、策略调整产生不同程度上的影响。在这个过程中，仍需要使用大部分近似算法以达到简化模型的过程。以上这些处理办法，都会影响模型的预测结果。因此，在建模和调整过程中，仍然需要业务专家参与，甚至干涉，从而杜绝由于不恰当的优化导致丢失业务信息。

（五）评估模型

评估模型是数据挖掘过程中的必须步骤，客户应该在合适的时机对没有参与建模的数据有效利用，以此获知精准的结果。而后，客户再利用建模的数据检验模型，此时，这些数据其实就是依据模型建成的，从而促使检验结果更加合理、精准。倘若，再把这个方法用在实际数据里面，仍然会有很大差错率。因此，客户要更大比例地利用未参与建模的数据验证这些模型。验证方式为：利用模型对已经确定的客户进行预判，从而获知模型的预测值以及实际客户状态，从客户反馈中，可以知道这是已知模型中最先进的一种模型。

（六）应用模型

模型应用，即模型可视化展示，可视化一直是一些数据服务公司所追求的结果，也是从业人员一种传达信息的方式，对于一个专题的数据挖掘模型，相信大家都能通过一些图表或者更炫的 PPT "搞定"。在推广模型建模的时候要小心再小心，通常选取一个试点单位为模型，从而杜绝建模不精确导致业务额损失的情况发生。这个试点期一般定在半年左右，这个期间要定期观察、辨别模型应用收益。倘若在这期间，感觉有不正常的偏差，就要第一时间进行停止。而后，辨别这个偏差是因为建模自身还是模型使用环境导致的。已经确定了这个偏差非自身原因，则可以修正不精准的地方。如果是环境原因，就要重新建模。通常在这个试点后，一切就可以被验证为良好的应用，下一步则可以大面积地推广了。

在推广大面积的时候应该高度重视，因为每个地区存在经济差异，建模的时候不能完完全全地照搬，可以在总公司建立一项统一、通用的模型，其他每家分公司在这个基础上仍可以使用基本数据修正，从而得到可用于本地条件的精准模型。这个模型或许在经济环境已经发生了变化后，仍有概率会增大偏差。此时，就要考虑更换一个更加适宜的模型了。

总而言之，业务对象是数据发掘过程中的根本，时刻推动数据挖掘行为，并且在这个过程中检验、指引客户自主对数据进行挖掘，这些步骤都是在一定的框架内有序开展的。当然，在这个过程中还存在一些步骤之间的反应，这个过程是不可逆的、不是全自动的，需要广大客户自行完成。

第二节　SPSS Modeler 文本挖掘概述

随着网络信息技术的快速发展，人们能够获得的文本信息出现了爆炸式的增长，在为海量的文本资源欣喜之余，也不得不掌握驾驭如此庞大信息的能力，文本挖掘技术就是在这样的背景下应运而生，并得到越来越多的关注，其作为一个正在迅速成为热点的研究领域，致力于从庞大的文本资源中找到"金矿"，为广大用户服务。文本挖掘从数据采集到知识发现是复杂而又烦琐的过程，要经历数据准备、模型建立、文本挖掘、结果展示等一系列过程。

众所周知，文本是信息最常见的表现形式。统计表明，一个组织80%的信息都是以文本的形式存放，整个文本集合大多数为非结构化数据，处理数量巨大的文本非常困难。因此，如何从庞大的非结构化文本信息中获取人们感兴趣和需要的信息，越来越成为数据挖掘以及信息处理领域的重点问题。

一、认识文本挖掘

文本挖掘也被称为文字探勘、文本数据挖掘等，相当于文字分析，一般是指文本处理过程中产生高质量的信息。高质量的信息通常通过分类和预测产生，如模式识别。文本挖掘涉及输入文本的处理过程，并进行分析，同时加上一些衍生语言特征以及消除杂音，随后插入到数据库中，并产生结构化数据，最终评价和解释输出。"高品质"的文本挖掘通常是指某种组合的相关性、新颖性和趣味性。典型的文本挖掘方法包括文本分类、文本聚类、概念/实体挖掘、生产精确分类、观点分析、文档摘要和实体关系模型。

数据挖掘技术是当前数据技术发展的新领域，文本挖掘的发展历史更短。文本挖掘技术是从信息抽取以及相关技术领域中慢慢演化而来，传统的信息检索技术对于海量数据的处理并不尽如人意，因此文本挖掘越来越重要，关注度越来越高。

最早的文本挖掘研究是赫尔辛基大学进行的研究试验中关于文本挖掘的论文，因为出现越来越多的非结构化文本资源，它们将数据挖掘技术应用于文本资源这个小组，成功地运用数据库中的知识发现技术（KDD）。沿着知识发现这条路，Ronen Feldman[①] 考虑使用信息抽取中最简单的形式来获取知识：通过为一个文本建立一个有意义的概念集合来看清概念的层次结构，从而在文本和概念之间挖掘它们的关系，这种方法的主要应用领域就是文本分类，Document Explorer 是目前比较先进的文本挖掘系统，该系统构建于以上所提到的 KDT 基础之上。Feldman 的 Document Explorer 则用文本集合来创建数据库，然后基于概念图的数据挖掘技术。这套系统可以使用不同的模板来创建数据库以适应各种类型的文本集合，包括 Web 文本。

描述性的挖掘涉及发现文本集合中存在的主题和概念。例如，许多公司收集客户的意见，包括 Web 文本、电子邮件和呼叫中心。挖掘文本中有用的信息，包括提供详细的信息条款、短语和其他实体，将集群文件转换成有意义的客户信息，挖掘发现集群中的有用概念，从而更好地了解、收集客户信息。

预测性的挖掘涉及文件的分类，类别和使用的信息是隐含在文本决策中的，可能需要确定客户的要求等，让它们收到一个自动的答案，或者，可能要预测客户是否有可能再次购买，或者是留住一个老客户。在数据挖掘中，这被称为预测建模。预测建模方法涉及根据过去的公司数据来预测未来的销售业绩，可能有一个数据集包含过去的购买行为，以及客户的意见。

---

① Ronen Feldman：以色列人，是机器学习、数据挖掘和非结构化数据管理的先驱人物，Cleafrorest 公司合作创始人、董事长，现在还是纽约大学 Stern 商学院的副教授。

过去的客户采取的购买行为，如果有新的客户也有类似的信息，他们可能会采取同样的行为。例如，一个研究员从医生的报告中发现一项临床研究的手工编码的不良反应是一个费力且容易出错的工作。相反，可以使用所有的历史文本数据训练一个模型，指出医生的报告对应的不良反应。

二、文本挖掘的研究现状分析

文本挖掘的研究最先是从拉丁语系展开的。在这些国家的研究中，几乎涵盖了文本挖掘领域中的热点和难点，引领了该领域的研究趋势。主要包括：文本的表示方法以及模型的建立；针对文本数据高维性问题的特征提取的方法进行研究；针对不同目标所采用的不同挖掘算法，用以解决文本分类、聚类的问题；机器学习、统计分析等相关领域方法在文本数据中的应用；结合自然语言理解领域的基础进行更深层次语义挖掘的相关研究，以及结合不同专业领域的文本挖掘应用，如在生物科技领域文献的挖掘、金融证券领域的股票预测，以及互联网上的 Web 挖掘、自动问答、主题检测等。比较成功的文本挖掘系统，有IBM Business Intelligence、KDT、TextVis 等。

国外对于文本挖掘的研究开展较早，20 世纪 50 年代末，Hans Peter Luhn[1] 在这一领域进行了开创性研究，提出了词频统计思想，用于自动分类。1960 年，M. E. Maron[2] 发表了关于自动分类的第一篇论文，随后，众多学者在这一领域进行了卓有成效的研究工作，主要围绕文本的挖掘模型、文本特征抽取、文本中间表示、文本挖掘算法（如关联规则抽取、语义关系挖掘、文本聚类与主题分析、趋势分析）、文本挖掘工具等，其中首次将 KDD 中的知识发现模型运用于 KDT。

我国学术界正式引入文本挖掘的概念，并开展针对中文的文本挖

---

[1]　Hans Peter Luhn：1896 年生于德国，是一位 IBM 的计算机专家，是 Luhn 算法和KWIC（Key Words In Context）索引的创造者，申请专利超过 80 多项。

[2]　M. E. Maron：任职于美国加利福尼亚大学伯克利分校，主要从事信息检索等方面的研究。

掘研究是从最近几年才开始的。目前国内学者在文本挖掘领域的研究也取得了突飞猛进的成果，从1998年底我国"重点基础研究发展规划首批实施项目"中包含文本挖掘的相关研究开始，国内一大批科研人员陆续展开了一系列针对中文文本数据的挖掘研究。越来越多的有代表性的研究成果相继发表。国内的文本挖掘研究除紧跟国际前沿外，有相当一部分研究集中在如何充分利用中文文本特点进行更好的文本挖掘上。围绕中文文本的处理，特别是结合自然语言理解技术、找到适合中文文本的快速高效方法，能帮助开发人员更好地设计和开发中文文本挖掘应用。从公开发表的有代表性的研究成果来看，目前我国文本挖掘研究还处在消化、吸收国外相关的理论、技术与小规模试验阶段，仍存在如下不足和问题。

（1）中文文本的特征提取与表示大多数采用"词袋"法，"词袋"法即提取文本高频词构成特征向量来表达文本特征。这样忽略了词在文本（句子）中担当的语法和语义角色，同样也忽略了词与词之间的顺序，致使大量有用信息丢失，而且"词袋"法处理真实中文文本数据时，特征向量的维数往往是高维的，这将使挖掘算法效率大大降低。

（2）没有形成完整的适合中文信息处理的文本挖掘理论与技术框架。目前的中文文本挖掘研究只是在某些方面和某些狭窄的应用领域展开。在技术手段方面主要是借用国外针对英文语法的挖掘技术，没有针对汉语本身的特点，没有充分利用当前的中文信息处理与分析技术来构建针对中文文本的文本挖掘模型，限制了中文文本挖掘的进一步发展。

（3）知识挖掘的种类和深度有限，一般只是进行文本的分类、聚类或者信息抽取，而且针对开放语法的试验结果也不是很理想。

三、SPSS Modeler 软件中的文本挖掘功能

IBM SPSS Modeler 的文本挖掘技术（Text Mining），可以从客户邮件、呼叫中心的记录、开放式问题的回答、消息反馈、网页等各种以文本形式存在的信息中获取关键的概念和主题。可以为企业收集和分

析数据，以识别出现的威胁或问题；合并与收购活动可以帮助确认由于竞争对手、供应商、顾客或合作伙伴的策略变化而导致的潜在威胁；监控和分析新闻组、邮件列表中顾客粘贴的内容，以及对呼叫中心的投诉可以帮助发现市场动态和品牌观念的趋势。

本节将具体分析 IBM SPSS 文本分析功能，它使用先进的语言技术和自然语言处理，以快速处理大量非结构化的文本数据，可以从文字中抽取和组织关键概念，还可以将这些概念分为各种类别，从而实现更好、更集中的决策。

SPSS Modeler 提供了各种借助机器学习、人工智能和统计学的建模方法。通过"建模"选项卡中的方法，可以根据数据生成新的信息以及开发预测模型。每种方法各有所长，同时适用于解决特定类型的问题。文本数据库中存储的数据可能是高度非结构化的，如互联网上的网页，也可能是半结构化的，如 E-mail 消息和一些 XML 网页，而其他的则可能是非结构化的。如果需要从非结构化的文本信息中获取感兴趣或者有用的模式，那么就需要做文本挖掘。文本挖掘是指从大量的文本数据中抽取事先未知的、可理解的、最终可用的知识的过程，同时运用这些知识更好地组织信息以便将来参考。与传统的数据挖掘相比，文本挖掘有其独特之处，主要表现在：文档本身是半结构化或非结构化的，无确定形式并且缺乏机器可理解的语义；而数据挖掘的对象是以数据库中的结构化数据为主，并利用关系表等存储结构来发现知识，因此，有些数据挖掘技术并不适用于文本挖掘，即使可用，也需要建立在对文本集预处理的基础之上。

文本挖掘在商业智能、信息检索、生物信息处理等方面都有广泛的应用，例如，客户关系管理、自动邮件回复、垃圾邮件过滤、自动简历评审、搜索引擎等。

IBM SPSS 文本分析提供了强大的文本分析功能，它使用先进的语言技术和 NLP，快速处理大量非结构化的文本数据。此外，SPSS 文本分析可以将这些概念分为各种类别。

现在企业组织内大约 80% 的数据是文本文件，例如，报表、网页、电子邮件、呼叫中心的记录等。文字是一个关键因素，可使一个组织更好地了解客户的行为。结合 NLP 的系统可以智能提取概念，包括复合词组。此外，相关的语言知识允许分类到相关的群体，如产品、组织或人，因此，可以快速确定需求信息的相关性。

SPSS 文本分析提供了一套语言资源，如字典条款、同义词、图书馆、模板。为了准确地进行概念检索和分类，微调语言资源往往是一个反复的过程，并针对特定领域，如客户关系管理（CRM）和基因组学定制模板库。

非结构化的文本数据管理的主要问题是：没有标准的编写文本的规则，以便计算机可以判断识别，因为每个文件和每一段文字的意思是不同的。从非结构化信息中提取自动化概念的方法大体可以分为语言和非语言两种。

一些企业试图采用基于统计和神经网络的自动化的非语言解决方案，利用计算机技术，可以更快速地识别和分类关键概念。为了提高准确度，一些解决方案结合了较复杂的非语言规则，主要是为了区分相关和不相关的结果，这被称为以规则为基础的文本挖掘。

以语言学为基础的文本挖掘原理应用于自然语言处理（NLP）的计算机中，用于辅助分析文本的单词、短语、语法或结构。结合 NLP 可以智能提取系统的概念，包括复合词组等。此外，通过使用含义和上下文，相关的语言知识被分成相互关联的概念类别。

了解如何提取可以帮助技术人员在进行文本挖掘时做出决策，语言提取的主要步骤包括：源数据转换为标准格式，确定候选条款，确定等价类和整合同义词，分配类型。NLP 是 SPSS 文本分析的一个核心要素，IBM SPSS 文本分析依赖于基于语言学的文本分析，NLP 提取的主要步骤包括：源数据转换为标准格式，确定候选条款，确定等价类和整合同义词，分配类型，建立索引，匹配模式和事件提取。

第三节　SPSS Modeler 文本挖掘节点

随着 SPSS Modeler 文本挖掘节点功能的丰富，Modeler 中的许多标准都可以与文本挖掘节点一起被纳入到文本分析的过程中，在这个过程中，SPSS Modeler 文本分析模块提供了多个文本挖掘节点来实现挖掘过程，这些节点都位于 SPSS 文本分析节点的选项中，从而便于使用者完成日常的分析工作。

本节将分析 SPSS Modeler 的文本挖掘过程中的 6 个节点，包括 Web Feed 节点、File Viewer 节点、File List 节点、Text Link Analysis 节点、Translate 节点、Text Mining 节点。

一、Web Feed 节点分析

Web Feed 节点的输出是一组描述记录的字段，描述字段是最常用的，因为它包含了大量的文字内容，目前 SPSS Modeler 接收两种格式的文件。

（1）RSS 格式。RSS 是一种基于 XML 的 Web 标准格式文件，这种格式的网址指向一个页面，每个链接的文字将被自动识别，使用 RSS 订阅能更快地获取信息，网站提供 RSS 输出，在不打开网站内容页面的情况下支持 RSS 输出的网站内容阅读。

（2）HTML 格式。超级文本标记语言是标准通用标记语言下的一个应用，也是一种规范、一种标准，网页文件本身是一种文本文件，通过在文本文件中添加标记符，可以告诉浏览器如何显示其中的内容。在 Input（输入）选项卡中，可以定义一个或多个 HTML 页面的 URL，然后在 Records（记录）选项卡中，定义记录开始标记以及划定目标内容识别标签。

二、File Viewer 节点分析

File Viewer 节点可以作为一个模拟表节点，以便访问每个文件的实际文本，而无须将所有文件合并成一个单一的文件，以帮助用户更好地理解从文本中提取的结果和概念。此节点的结果是一个窗口，显示所有的文本元素，在这个窗口中，可以单击某个链接，打开相应的文档集合。此外，当文本挖掘在客户端服务器模式下进行时，待挖掘的文本数据必须存储在 Web 服务器上。

File Viewer 节点中的 Settings 选项卡设置解释如下。

（1）Document field，选择包含完整的文件名称和路径。

（2）Title for generated HTML page，它会在文本挖掘结果的顶部创建一个标题，并且会显示一个文件列表清单。

三、File List 节点分析

文件列表（File List）节点是读取非结构化的文本文件格式的数据，如 Word、Excel、PowerPoint 以及 Adobe PDF、XML、HTML 等文件，非结构化的文本文件的字段和记录都具有相同的读取方法，可以通过使用列表文件或文件夹输入到文本挖掘的过程中。

文件列表节点是源节点，与一般节点功能不同的是：它不是读取实际数据，而是读取指定根目录下的文件或目录名称，并作为一个列表，它的输出是一个单独的字段，可以输入到随后的文本挖掘节点中。

在处理 RTF 文件时，过滤器是必需的，可以从 Microsoft 网站下载一个 RTF 过滤器。为了从 PDF 文件中提取文本，需要安装 Adobe Reader 9 或更高版本，同时必须安装 SPSS 文本分析和 IBM SPSS 文本分析服务器。如果要处理 Office 2007 格式的 Word、Excel 和 PowerPoint 文档，需要安装 Office 2007 以上版本，同时要运行 SPSS 文本分析服务器。

在文件列表节点的 Settings 选项卡中，可以定义目录和文件扩展名。在非 Microsoft Windows 平台上不能处理 Microsoft Office 和 Adobe PDF 文件，但是 XML、HTML 和文本文件没有平台限制，都是可以被处理的。

对话框中列出了指定的根文件夹中包含的文件，也包含子目录，可以选择或取消选择需要使用的文件类型和扩展名，当取消文件扩展名后，该类文件将会被忽略。可以过滤的扩展名：. nf、. doc、. docx、. doom、. xls、. xlsx、. xlsm、. ppt、. pptx、. pptm、. txt、. htm、. html、. xml、. pdf 等。

（一）Input 选项卡

输入选项可以指定一个或多个 Web 地址，以挖掘相应的文本信息。

（二）Records 选项卡

Web Feed 节点的 Records 选项卡可以识别每个新记录的开始，如果非 RSS 提要包含多个记录，必须识别记录的开始标记，否则文本将被视为一个记录。虽然 RSS 提要是标准化的，不需要任何标签说明，但是仍然可以通过单击 Preview 按钮预览内容。

（1）URL 下拉列表，在此下拉列表中输入网址，支持 HTML 和 RSS 两种格式，如果下拉列表中的 URL 地址太长，它会自动用省略号来代替被截断的文字。

（2）Source 选项卡，可以查看任何源代码的 Feed，但是此代码是不能编辑的，可以在 Find 中输入特定的标签或信息。

（三）Content Filter 选项卡

Content Filter 选项卡是用来审核 RSS 订阅内容的过滤技术，可以使用此选项卡去掉不必要的 HTML 标签和 JavaScript 等信息。如果不想应用此过滤技术，需要选择 None，否则将会选择 RSS Content Cleaner。

四、Text Link Analysis 节点分析

Text Link Analysis（TLA）节点通过使用模式匹配技术，挖掘提取文本中的概念，以确定基于已知模式的概念之间的关系。例如客户对一个产品的感受，各种药物描述之间的关系等。在实际工作中，可以直接使用 Modeler 软件资源模板中附带的文本分析 TLA 模式规则，也可以自己创建和编辑规则。

Text Link Analysis 节点提供了更直接的文本链接方式，以方便用户进行文字识别和提取 TLA 模式。

（一）Fields 选项卡

Fields 选项卡允许定义与 List 项相关联的表单和字段。

（二）Expert 选项卡

该选项卡包含一些额外的参数，会影响文本的提取和处理，其中一些语言资源和选择会影响资源模板的选择。

当文本数据较短时，挖掘效果较差，例如开放式调查、电子邮件和 CRM 数据，当文本包含了很多的缩写时，此选项是非常有用的。

运行 Text Link Analysis 节点后，文本数据将会被重组，接下来执行 Table 节点，以查看模型的数据流执行结果。

五、Translate 节点分析

Translate 节点支持多种语言，如阿拉伯语、汉语和波斯语，可以将其他语言的文本数据翻译为英文，并使用 IBM SPSS 文本分析功能进行挖掘，但是用户首先必须安装和配置语言翻译服务器，才能正常使用 Translate 节点，Translation 选项卡的设置。

在上述设置中，Language pair connection 下拉列表用于定义和管理语言翻译服务器的链接。选择"＜New Server Connection＞"，一旦定义了一个链接，就可以快速选择语言，无须重新输入所有的链接设置。

Hide 选项用于对一个给定的链接进行隐藏或显示，若选择隐藏链接，可以节省软件处理时间，也可以避免出现链接错误的消息。

此外，如果要翻译的文本中包含一个或多个外部文件，File List 节点可用于读取文件的路径和名称，在这种情况下，Translation 节点需要添加在 File List 节点与后续节点之间。

六、Text Mining 节点分析

通过使用语言和频率提取技术，Text Mining 节点可以提取文本中的关键概念、探索文本数据的内容。当执行该建模节点时，可使用自然语言处理方法，提取和组织概念、模式或类别。可以自动产生一个概念或模型，也可以使用交互式构建的手动探索方法提取概念、创建类别和完善语言资源等。

（一）Fields 选项卡

这里需要指定文本数据的类型，可以指定的类型如下。

（1）Structured Text，此选项使用书目和规则的文本，其中包含可以识别和分析的任何文件。

（2）Full Text，此选项用于大多数文档或文本来源。

（3）XML，此选项使用要提取的包含 XML 标记的文本，其他所有标记都将被忽略。

（二）Model 选项卡

该选项卡用于指定生成方法和模型节点的输出设置。

对设置中的选项说明如下。

（1）Text language（文本语言），下拉选项包括文本挖掘过程中使用的文本标识语言、节点控制语言，建议指定默认的语言（English），但是如果不确定，可以选择"ALL"选项。

（2）Generate directly（直接生成），当执行数据流时，模型会自动创建并添加到模型面板中，选择此选项，将会出现特定的选项来定义要生成的模型。

（3）Build mode（构建模式），指定模型如何执行文本挖掘节点，也可以使用手动方式提取概念、创建类别和完善语言资源，还可以进行文本链接的分析和探讨。

（4）Build interactively（交互式平台），将启动一个交互界面，可以在其中提取概念和模式，探索和调整提取结果，建立和完善类别，调整语言资源等，并建立模型进行文本挖掘。

（5）Text Analysis Package（TAP），TAP 是一组捆绑在一起的预定义类别库，以及先进的语言和非语言资源。

（6）Resource template（资源模板），将节点添加到流，通过选择资源模板或文本分析包，可以改变模板或加载一个文本分析软件包，然后单击"Load"按钮。

第四章 大数据存储与管理研究

大数据时代必须解决海量数据的高效存储问题，为此，需要一套能够海量存储数据和管理此方面数据的文件。但是在实践上存在许多难题，不过 Google 解决了这些难题，成功开发出了一套文件系统，与以前不同的是，它是基于互联网思维，使得文件在多台机器上的分布式存储，较好地满足了大规模数据存储的需求。

第一节 分布式文件系统 HDFS 概述及其体系结构研究

Hadoop 分布式文件系统（Hadoop Distributed File System，HDFS）是不同于以前 GFS 没有开源的文件系统，作为其中其一个核心组成部分，整套系统成功地解决了 GFS 没有开源的问题，提供了在廉价服务器集群中进行大规模分布式文件存储的能力。HDFS 具有很好的容错能力，并且兼容廉价的硬件设备，因此可以以较低的成本利用现有机器实现大流量和大数据量的读写。

一、分布式文件系统分析

分布式文件系统，它的特点是通过互联网实现客户机—服务器的节点存储和访问，让服务器作为存储载体，进行分布式存储文件，它是这么个新模式，客户端以特定的通信协议通过网络与服务器建立连接，提出文件访问请求，客户端和服务器可以通过设置访问权限来限制请求方对底层数据存储块的访问。

目前，已得到广泛应用的分布式文件系统主要包括 GFS 和 HDFS 等，后者是针对前者的开源实现。

（一）计算机集群结构概述

分布式文件系统是通过网络实现客户端访问，以服务器为数据载体，机架式存放核心；在一个机架上，有 8 ~ 64 个节点通过文件系统在互联网上互连（常采用吉比特以太网），多个不同机架之间采用另一级网络或交换机互连。

（二）分布式文件系统的结构分析

在 Windows、Linux 等操作系统中，文件系统一般会把磁盘空间划分为每 512 字节一组，称为磁盘块，它是文件系统读写操作的最小单位，文件系统的块（Block）通常是磁盘块的整数倍，即每次读写的数据量必须是磁盘块大小的整数倍。

与普通文件系统类似，分布式文件系统也采用了块的概念，文件被分成若干个块进行存储，块是数据读写的基本单元，只不过分布式文件系统的块要比操作系统中的块大很多。比如，HDFS 默认的一个块的大小是 64 MB。这个数据块将可以容纳各种定型大数据，如果服务器追踪到数据块容量大于文件数据时，它就会把文件安放在某个读取位置，这个优势是传统文件系统无法比拟的。

分布式文件系统，两类节点构建了它的物理结构：一类名为"主节点"或者"名称节点"，另一类名为"从节点"或者"数据节点"。名称节点负责文件和目录的创建、删除和重命名等，同时管理着数据节点和文件块的映射关系。因此客户端只需要明白文件系统的物理结构特点。如果客户端需要访问自己所需数据时，必须在其计算机网络节点上找到"主节点"，"主节点"有文件块的创建和命名位置，然后才可能访问"从节点"读取自己所需要的数据。当然，在读取时候，还需从"主节点"上得到"从节点"和文件群的映射关系。这是重要的，因为"从节点"一系列功能实现是受"主节点支配的"。

计算机集群中的节点可能发生故障，因此为了保证数据的完整性，分布式文件系统通常采用多副本存储。文件块会被复制为多个副本，存储在不同的节点上，而且存储同一文件块的不同副本的各个节点会分布在不同的机架上。这样，在单个节点出现故障时，就可以快速调用副本重启单个节点上的计算过程，而不用重启整个计算过程，整个机架出现故障时也不会丢失所有文件块。文件块的大小和副本个数通常可以由用户指定。

分布式文件系统是针对大规模数据存储而设计的，主要用于处理大规模文件，如 TB 级文件。处理过小的文件不仅无法充分发挥其优势，而且会严重影响到系统的扩展和性能。

（三）分布式文件系统的设计需求

分布式文件系统的设计目标主要包括透明性、并发控制、可伸缩性、容错以及安全需求等。但是，在具体实现中，不同产品实现的级别和方式都有所不同。表 4-1 给出了分布式文件系统的设计需求及其具体含义，以及 HDFS 对这些指标的实现情况。

表 4-1　分布式文件系统的设计需求

设计需求	含　义	HDFS 的实现情况
透明性	具备访问透明性、位置透明性、性能和伸缩透明性。访问透明性是指访问本地文件和远程文件的透明性，不管是本地和远程文件，在同一个节点上访问都能读取有关数据。 　　位置透明性是指在相同路径名的情况下，文件下的文本数量和存储位置是透明的，在相同路径下可以查找并读取相关数据。 　　性能和伸缩透明性是指用户在客户端查找访问数据时，感觉节点和性能的恒定。用户感受不到什么时候一个节点加入或退出了	只能提供一定程度的访问透明性，完全支持位置透明性、性能和伸缩透明性

设计需求	含　义	HDFS 的实现情况
并发控制	客户端对于文件的读写不应该影响其他客户端访问并读取相同的一个文件	机制非常简单，任何时间都只允许有一个程序写入某个文件
文件复制	一个文件可以拥有在不同位置的多个副本	HDFS 采用了多副本机制
硬件和操作系统的异构性	可以在不同的操作系统和计算机上实现同样的客户端和服务器端程序	用 Java 语言编程
可伸缩性	服务器节点的良好的伸缩性	建立在大规模廉价机器上的分布式文件系统集群，具有很好的可伸缩性
容错	保证文件服务在客户端或者服务端出现问题的时候能正常使用	具有多副本机制和故障自动检测、恢复机制
安全	保障系统的安全性	安全性较弱

二、HDFS 的初步认知

HDFS 开源实现了 GFS 的基本思想。HDFS 原来是 Apache Nutch 搜索引擎的一部分，后来独立出来作为一个 Apache 子项目，并和 MapReduce 一起成为 Hadoop 的核心组成部分。HDFS 支持流数据读取和处理超大规模文件，并能够运行在由廉价的普通机器组成的集群上，这主要得益于 HDFS 在设计之初就充分考虑了实际应用环境的特点，那就是，硬件出错在普通服务器集群中是一种常态，而不是异常。因此，HDFS 在设计上采取了多种机制保证在硬件出错的环境中实现数据的完整性。总体而言，HDFS 要实现以下目标。

（1）简单的文件模型。文件系统可以储存海量文件数据，它们可以被多次读取，写入后，关闭后就无法再次写入，只能被读取。

（2）兼容廉价的硬件设备。在成百上千台廉价服务器中存储数据，常会出现节点失效的情况，因此 HDFS 设计了快速检测硬件故障和进行自动恢复的机制，可以实现持续监视、错误检查、容错扫描和数据修复，于是即使在服务器节点处出现故障的情况下，也能自动报错和故障排除，从而不影响数据的输入与读取。

（3）大数据集。HDFS 中的文件通常可以达到 GB 甚至 TB 级别，这使得服务器能够存储海量文件数据。

（4）流数据读写。普通文件系统主要用于随机读写以及与用户进行交互，而 HDFS 则是为了满足批量数据处理的要求而设计的，因此为了提高数据吞吐率，在编写操作系统软件时，降低了它的一些准入门槛，客户端在接入客户端—服务器，能够通过网络快速读取数据。

（5）强大的跨平台兼容性。HDFS 是采用 Java 语言实现的，具有很好的跨平台兼容性，支持 JVM（Java Virtual Machine）的机器都可以运行 HDFS。

HDFS 特殊的设计，在实现上述优良特性的同时，也使得自身具有一些应用局限性，主要包括以下几个方面。

（1）不支持多用户写入及任意修改文件。HDFS 只允许一个文件有一个写入者，不允许多个用户对同一个被系统管理下的文件多次写入，这个过程只能操作一次。

（2）不适合低延迟数据访问。HDFS 主要是面向大规模数据批量处理而设计的，采用流式数据读取，具有很高的数据吞吐率，但是，这也意味着较高的延迟。因此，HDFS 不适合用在需要较低延迟（如数十毫秒）的应用场合。对于低延时要求的应用程序而言，HBase 是一个更好的选择。

（3）无法高效存储大量小文件。小文件是指文件大小小于一个块的文件，HDFS 无法高效存储和处理大量小文件，过多小文件会给系统扩展性和性能带来诸多问题。首先，HDFS 采用名称节点（Name Node）来管理文件系统的元数据，这些元数据被保存在内存中，从而使客户端可以快速获取文件实际存储位置。通常，每个文件、目录和块大约占 150 字节，如果有 1 000 万个文件，每个文件对应一个块，那么，名称节点至少要消耗 3 GB 的内存来保存这些元数据信息。很显然，这时元数据检索的效率就比较低了，需要花费较多的时间找到一个文件的实际存储位置。而且，如果继续扩展到数十亿个文件时，名称节点保存元数据所需要的内存空间就会大大增加，以现有的硬件水平，是无法在内存中保存如此大量的元数据的。其次，用 MapReduce 处理大量小文件时，会产生过多的 Map 任务，线程管理开销会大大增加，服务器上被访问的节点也会大为增加，因此会产生性能滞后，运行速度减弱。

三、HDFS 的相关概念

本节阐述 HDFS 的相关概念，包括块、名称节点、数据节点、第二名称节点。

（一）块

在传统的文件系统中，为了提高磁盘读写效率，一般以数据块为单位，而不是以字节为单位。

比如，机械式硬盘（磁盘的一种）包含了磁头和转动部件，在读取数据时有一个寻道的过程，通过转动盘片和移动磁头的位置，来找到数据在机械式硬盘中的存储位置，然后才能进行读写。在 I/O 开销中，机械式硬盘的寻址时间是最耗时的部分，一旦找到第一条记录，剩下的顺序读取效率是非常高的。因此，以块为单位读写数据，可以把磁盘寻道时间分摊到大量数据中。

HDFS 也同样采用了块的概念，默认的一个块大小是 64 MB。在 HDFS 中的文件会被拆分成多个块，每个块作为独立的单元进行存储。人们所熟悉的普通文件系统的块一般只有几千字节，可以看出，HDFS 在块的大小的设计上明显要大于普通文件系统。HDFS 这么做的原因是为了最小化寻址开销。HDFS 寻址开销不仅包括磁盘寻道开销，还包括数据块的定位开销。用户在读取服务器文件系统数据时，需要首先从客户端找到打开"主节点"上这个文件数据存储列表，然后根据位置列表获取实际存储各个数据块的数据节点的位置，最后数据节点根据数据块信息在本地 Linux 文件系统中找到对应的文件，并把数据返回给客户端。设计一个比较大的块，可以把上述寻址开销分摊到较多的数据中，降低了单位数据的寻址开销。因此，HDFS 在文件块大小设置上要远远大于普通文件系统，以期在处理大规模文件时能够获得更好的性能。当然，块的大小也不宜大大超过一个块数据储存大小，因受 Map 任务处理局限，任务太少，就会降低作业并行处理速度。

HDFS 采用抽象的块概念有利于文件数据存储与管理，可以从 3 个方面来说明。

（1）大块的存储数据文件。服务器有大数量的节点构成，因此文件数据不为节点存储大小局限，当一大块文件数据要存储时，可以分成若干块，由节点分摊任务，这样就可以远远大于网络中任意节点的存储容量。

（2）管理简单。方便了文件数据存储和原数据管理，元数据单独储存，可以由其他系统负责管理元数据。

（3）适合数据备份。每个文件块都可以冗余存储到多个节点上，大大提高了系统的容错性和可用性。

（二）名称节点和数据节点

HDFS 包括"主节点""此节点"，它们在系统中执行不同的程序任务。Fsimage 和 EditLog 是主节点两个最重要的部分，维护文件系统树和元数据及记录文件创建等信息是它们的功能。主节点能短期储存文件数据信息，当暂时性失去数据信息时，需要计算机每次启动时扫描所有数据节点重构得到这些信息。

名称节点在启动时，会将 Fsimage 的内容加载到内存当中，然后执行 EditLog 文件中的各项操作，使得内存中的元数据保持最新。这个操作完成以后，就会创建一个新的 Fsimage 文件和一个空的 EditLog 文件。名称节点启动成功并进入正常运行状态以后，HDFS 中的更新操作都会被写入 EditLog，而不是直接写入 Fsimage，这是因为对于分布式文件系统而言，Fsimage 文件通常都很庞大（一般都是 GB 级别以上），如果所有的更新操作都直接往 Fsimage 文件中添加，那么系统就会变得非常缓慢。相对而言，EditLog 通常都要远远小于 Fsimage，更新操作写入到 EditLog 是非常高效的。名称节点在启动的过程中处于"安全模式"，只能对外提供读操作，无法提供写操作。启动过程结束后，系统就会退出安全模式，进入正常运行状态，对外提供读写操作。

数据节点（Data Node）是分布式文件系统 HDFS 的工作节点，负责数据的存储和读取，会根据客户端或者名称节点的调度来进行数据的存储和检索，并且向名称节点定期发送自己所存储的块的列表。每个数据节点中的数据会被保存在各自节点的本地 Linux 文件系统中。

（三）第二名称节点

在名称节点运行期间，HDFS 会不断发生更新操作，这些更新操作都是直接被写入 EditLog 文件，因此 EditLog 文件也会逐渐变大。在名称节点运行期间，不断变大的 EditLog 文件通常对于系统性能不会产生显著影响，但是当名称节点重启时，需要将 Fsimage 加载到内存中，然后逐条执行 EditLog 中的记录，使得 Fsimage 保持最新。可想而知，如果 EditLog 很大，就会导致整个过程变得非常缓慢，使得名称节点在启动过程中长期处于"安全模式"，无法正常对外提供写操作，影响了用户的使用。

为了有效解决 EditLog 逐渐变大带来的问题，HDFS 在设计中采用了第二名称节点（Secondary Name Node）。第二名称节点是 HDFS 架构的一个重要组成部分，具有两个方面的功能：首先，可以完成 EditLog 与 Fsimage 的合并操作，减小 EditLog 文件大小，缩短名称节点重启时间；其次，可以作为名称节点的"检查点"，保存名称节点中的元数据信息。具体如下。

（1）EditLog 与 Fsimage 的合并操作。每隔一段时间，第二名称节点会和名称节点通信，请求其停止使用 EditLog 文件（这里假设这个时刻为 t_1），暂时将新到达的写操作添加到一个新的文件 EditLog. new 中。然后，第二名称节点把名称节点中的 Fsimage 文件和 EditLog 文件拉回到本地，再加载到内存中；对二者执行合并操作，即在内存中逐条执行 EditLog 中的操作，使得 Fsimage 保持最新。合并结束后，第二名称节点会把合并后得到的最新的 Fsimage 文件发送到名称节点。名称节点收到后，会用最新的 Fsimage 文件去替换旧的 Fsimage 文件，同时用 EditLog. new 文件去替换 EditLog 文件（这里假设这个时刻为 t_2），从而减小了 EditLog 文件的大小。

（2）作为名称节点的"检查点"。从上面的合并过程可以看出，第二名称节点会定期和名称节点通信，从名称节点获取 Fsimage 文件和 EditLog 文件，执行合并操作得到新的 Fsimage 文件。从这个角度来讲，第二名称节点相当于为名称节点设置了一个"检查点"，周期性地备份名称节点中的元数据信息，当名称节点发生故障时，就可以用第二名称节点中记录的元数据信息进行系统恢复。但是，在第二名称节点上合并操作得到的新的 Fsimage 文件是合并操作发生时（即 t_1 时刻）HDFS 记录的元数据信息，并没有包含 t_1 时刻和 t_2 时刻期间发生的更新操作，如果名称节点在 t_1 时刻和 t_2 时刻期间发生故障，系统就会丢失部分元数据信息，在 HDFS 的设计中，也并不支持把系统直接切换到第二名称节点，因此从这个角度来讲，第二名称节点只是起到了名称节点的"检查点"作用，并不能起到"热备份"作用。

即使有了第二名称节点的存在，当名称节点发生故障时，系统还是有可能会丢失部分元数据信息的。

四、HDFS 的体系结构

本节首先解释 HDFS 的体系结构，然后描述 HDFS 的命名空间管理、通信协议、客户端，最后指出 HDFS 体系结构的局限性。

（一）认识 HDFS 的体系结构

HDFS 是一个文件管理系统，包括两个最重要的核心主节点和次节点，它们一个执行管理任务，一个执行记录操作信息任务。主节点像中央司令部，次节点任何活动都受它的调度，任何状态信息都得上报给中央司令部。次节点由若干组成，它的数据信息可以在 Linux 系统中查找。任何用户在使用 HDFS 时，仍然可以像在普通文件系统中那样，使用文件名去存储和访问文件。

实际上，在系统内部，一个文件会被切分成若干个数据块，这些数据块被分布存储到若干个数据节点上。当客户端需要访问一个文件时，首先把文件名发送给名称节点，名称节点根据文件名找到对应的数据块（一个文件可能包括多个数据块），再根据每个数据块信息找到实际存储各个数据块的数据节点的位置，并把数据节点位置发送给客户端，最后客户端直接访问这些传送过来的次节点上的数据，在此过程中，主节点只负责找到联络次节点，次节点记录好数据信息，客户端在访问数据时，只需知道数据所在次节点上的位置；一个文件被分配并记录在各个节点上，它的数据能在很多次节点上实现并发访问，大大提高了数据访问速度。

HDFS 有两个核心，一个是主节点，一个是次节点，它的编程语言是 Java，主节点一般只有一个，可以在服务器群中选择一台性能较好的计算机作为支撑点；次节点有多个，因此剩下的计算机可以作为其支撑点。当然，这些计算机必须支持 Java 编程与运用。一台机器可以运行任意多个次节点和一个主节点，前提是这台机器的性能较好，不过，很少在正式部署中采用这种模式。HDFS 包括两个核心主节点和多个次节点，次节点受主节点调度和控制，这种简单的服务器运行模式便于发挥主节点的中央司令部作用，又能减轻中央服务器的负担，因此这种模式应用广泛。

（二）通信协议

HDFS 是一个部署在集群上的分布式文件系统，因此很多数据需要通过网络进行传输。因此，客户端在访问自己所需数据之前，构筑 TCP/IP 即 HDFS 协议尤为必要。客户端联网并与服务器实行数字连接后，可以与服务器通信并构筑协议，然后主次节点可以构筑次节点协议。这样的协议是通过 RPC（Remote Procedure Call）来实现的。在网络通信过程中，构筑好 TCP/IP 协议后，客户端和数据节点进行 RPC 请求，名称节点才会发起 RPC，RPC 协议后，会为通信程序之间携带信息数据，至此，HDFS 协议才算生效。

（三）HDFS 命名空间管理

HDFS 的命名空间包含目录、文件和块。命名空间管理是指命名空间支持对 HDFS 中的目录、文件和块做类似文件系统的创建、修改、删除等基本操作。在当前的 HDFS 体系结构中，在主节点有给文件命名这个功能，因此主节点对这个命名空间进行管理。

HDFS 使用的是传统的分级文件体系，因此用户可以像使用普通文件系统一样，创建、删除目录和文件，在目录间转移文件、重命名文件等。但是，HDFS 还没有实现磁盘配额和文件访问权限等功能，也不支持文件的硬链接和软链接（快捷方式）。

（四）客户端

客户端是用户操作 HDFS 最常用的方式，HDFS 在部署时都提供了客户端。不过需要说明的是，严格来说，客户端并不算是 HDFS 的一部分。客户端可以支持打开、读取、写入等常见的操作，并且提供了类似 Shell 的命令行方式来访问 HDFS 中的数据。此外，HDFS 也提供了 Java API，作为应用程序访问文件系统的客户端编程接口。

（五）HDFS 体系结构的局限性

HDFS 只设置唯一一个名称节点，这样做虽然大大简化了系统设计，但也带来了一些明显的局限性，具体如下。

（1）命名空间的限制。名称节点是保存在内存中的，因此名称节点能够容纳对象（文件、块）的个数会受到内存空间大小的限制。

（2）性能的瓶颈。整个分布式文件系统的吞吐量受限于单个名称节点的吞吐量。

（3）隔离问题。由于集群中只有一个名称节点，只有一个命名空间，因此无法对不同应用程序进行隔离。

（4）集群的可用性。一旦这个唯一的名称节点发生故障，会导致整个集群变得不可用。

第二节　分布式数据库 HBase 概述
及其实现原理

本节首先解释了 HBase 的由来及其与关系数据库的区别，其次分析了 NT HBase 访问接口、数据模型、实现原理和运行机制，并在最后阐述了 HBase 编程实践方面的知识。

一、分布式数据库 HBase 的概述

HBase 是谷歌公司 BigTable 的开源实现，因此，本节首先对 BigTable 做简要阐述，然后分析 HBase 及其和 BigTable 的关系，最后对 HBase 和传统关系数据库进行对比分析。

（一）认识 BigTable

BigTable 是一个分布式存储系统，利用谷歌提出的 MapReduce 分布式并行计算模型来处理海量数据，使用谷歌分布式文件系统 GFS 作为底层数据存储，并采用 Chubby 提供协同服务管理，可以扩展到 PB 级别的数据和上千台机器，具备广泛应用性、可扩展性、高性能和高可用性等特点。从 2005 年 4 月开始，BigTable 已经在谷歌公司的实际生产系统中使用，谷歌的许多项目都存储在 BigTable 中，包括搜索、地图、财经、打印、社交网站 Orkut、视频共享网站 YouTube 和博客网站 Blogger 等。这些应用无论在数据量方面（从 URL 到网页再到卫星图像），还是在延迟需求方面（从后端批量处理到实时数据服务），都对 BigTable 提出了截然不同的需求。尽管这些应用的需求大不相同，但是 BigTable 依然能够为所有谷歌产品提供一个灵活的、高性能的解决方案。当用户的资源需求随着时间变化时，只需要简单地往系统中添加机器，就可以实现服务器集群的扩展。

总的来说，BigTable 具备以下特性：支持大规模海量数据、分布式并发数据处理效率极高、易于扩展且支持动态伸缩、适用于廉价设备、适合于读操作不适合写操作。

（二）HBase 的概述

HBase 是一个高可靠、高性能、面向列、可伸缩的分布式数据库，是谷歌 BigTable 的开源实现，主要用来存储非结构化和半结构化的松散数据。HBase 的目标是处理非常庞大的表，可以通过水平扩展的方式，利用廉价计算机集群处理由超过 10 亿行数据和数百万列元素组成的数据表。

表 4-2 描述了 Hadoop 生态系统中 HBase 与其他部分的关系。

表 4-2　HBase 和 BigTable 的底层技术对应关系

项目	BigTable	HBase
文件存储系统	GFS	HDFS
海量数据处理	MapReduce	Hadoop MapReduce
协同服务管理	Chubby	Zookeeper

（三）HBase 与传统关系数据库区别

关系数据库从 20 世纪 70 年代发展到今天，已经是一种非常成熟稳定的数据库管理系统，通常具备的功能包括面向磁盘的存储和索引结构、多线程访问、基于锁的同步访问机制、基于日志记录的恢复机制和事务机制等。

但是，随着 Web 2.0 应用的不断发展，传统的关系数据库已经无法满足 Web 2.0 的需求，无论在数据高并发方面，还是在高可扩展性和高可用性方面，传统的关系数据库都显得力不从心，关系数据库的关键特性——完善的事务机制和高效的查询机制，在 Web 2.0 时代也成为"鸡肋"。包括 HBase 在内的非关系型数据库的出现，有效弥补了传统关系数据库的缺陷，在 Web 2.0 应用中得到了大量使用。

HBase 与传统的关系数据库的区别主要体现在以下几个方面。

（1）数据维护。在关系数据库中，更新操作会用最新的当前值去替换记录中原来的旧值，旧值被覆盖后就不会存在。而在 HBase 中执行更新操作时，并不会删除数据旧的版本，而是生成一个新的版本，旧有的版本仍然保留。

（2）数据类型。关系数据库采用关系模型，具有丰富的数据类型和存储方式。HBase 则采用了更加简单的模型，它把数据存储为未经解释的字符串，用户可以把不同格式的结构化数据和非结构化数据都序列化成字符串保存到 HBase 中，用户需要自己编写程序把字符串解析成不同的数据类型。

（3）数据索引。关系数据库通常可以针对不同列构建复杂的多个索引，以提高数据访问性能。与关系数据库不同的是，HBase 只有一个索引——行键，通过巧妙的设计，HBase 中的所有访问方法，或者通过行键访问，或者通过行键扫描，从而使得整个系统不会慢下来。由于 HBase 位于 Hadoop 框架之上，因此可以使用 Hadoop MapReduce 来快速、高效地生成索引表。

（4）存储模式。关系数据库是基于行模式存储的，元组或行会被连续地存储在磁盘页中。在读取数据时，需要顺序扫描每个元组，然后从中筛选出查询所需要的属性。如果每个元组只有少量属性的值对于查询是有用的，那么基于行模式存储就会浪费许多磁盘空间和内存带宽。HBase 是基于列存储的，每个列族都由几个文件保存，不同列族的文件是分离的，它的优点是：可以降低 I/O 开销，支持大量并发用户查询，因为仅需要处理可以回答这些查询的列，而不需要处理与查询无关的大量数据行；同一个列族中的数据会被一起进行压缩，由于同一列族内的数据相似度较高，因此可以获得较高的数据压缩比。

（5）数据操作。关系数据库中包含了丰富的操作，如插入、删除、更新、查询等，其中会涉及复杂的多表链接，通常是借助于多个表之间的主外键关联来实现的。HBase 操作则不存在复杂的表与表之间的关系，只有简单的插入、查询、删除、清空等，因为 HBase 在设计上就避免了复杂的表与表之间的关系，通常只采用单表的主键查询，所以它无法实现像关系数据库中那样的表与表之间的链接操作。

（6）可伸缩性。关系数据库很难实现横向扩展，纵向扩展的空间也比较有限。相反，HBase 和 BigTable 这些分布式数据库就是为了实现灵活的水平扩展而开发的，因此能够轻易地通过在集群中增加或者减少硬件数量来实现性能的伸缩。

但是，相对于关系数据库来说，HBase 也有自身的局限性，如 HBase 不支持事务，因此无法实现跨行的原子性。

二、HBase 访问接口

HBase 提供了 Native Java API、HBase Shell、Thrift Gateway、REST Gateway、Pig、Hive 等多种访问方式，每种访问接口都有自己的特点和使用场合，在此不再一一赘述。

三、HBase 数据模型

数据模型是理解一个数据库产品的核心，本节分析了 HBase 列族数据模型，包括列族、列限定符、单元格、时间戳等概念，并阐述了 HBase 数据库的概念视图和物理视图的差别。

（一）认识 HBase 数据模型

HBase 是一个稀疏、多维度、排序的映射表，这张表的索引是行键、列族、列限定符和时间戳。每个值是一个未经解释的字符串，没有数据类型。用户在表中存储数据，每一行都有一个可排序的行键和任意多的列。表在水平方向由一个或者多个列族组成，一个列族中可以包含任意多个列。同一个列族里面的数据存储在一起。列族支持动态扩展，可以很轻松地添加一个列族或列，无须预先定义列的数量以及类型，所有列均以字符串形式存储，用户需要自行进行数据类型转换。由于同一张表里面的每一行数据都可以有截然不同的列，因此对于整个映射表的每行数据而言，有些列的值就是空的，所以说 HBase 是稀疏的。

在 HBase 中执行更新操作时，并不会删除数据旧的版本，而是生成一个新的版本，旧有的版本仍然保留，HBase 可以对允许保留的版本的数量进行设置。客户端可以选择获取距离某个时间最近的版本，或者一次获取所有版本。如果在查询的时候不提供时间戳，那么会返回距离现在最近的那一个版本的数据，因为在存储的时候，数据会按照时间戳排序。HBase 提供了两种数据版本回收方式：一是保存数据的最后两个版本；二是保存最近一段时间内的版本（如最近 7 天）。

（二）HBase 数据模型的相关概念

1. 单元格

在 HBase 表中，通过行、列族和列限定符确定一个"单元格"（Cell）。单元格中存储的数据没有数据类型，总被视为字节数组 Byte[ ]。每个单元格中可以保存一个数据的多个版本，每个版本对应一个不同的时间戳。

2. 表

HBase 采用表来组织数据，表由行和列组成，列划分为若干个列族。

3. 行

每个 HBase 表都由若干行组成，每个行由行键（Row Key）来标识。访问表中的行只有 3 种方式：通过单个行键访问；通过一个行键的区间来访问；全表扫描。行键可以是任意字符串（最大长度是 64 KB，实际应用中长度一般为 10 ~ 100 个字节），在 HBase 内部，行键保存为字节数组。存储时，数据按照行键的字典序排序存储。在设计行键时，要充分考虑这个特性，将经常一起读取的行存储在一起。

4. 列族

一个 HBase 表被分组成许多"列族"的集合，它是基本的访问控制单元。列族需要在表创建时就定义好，数量不能太多（HBase 的一些缺陷使得列族数量只限于几十个），而且不要频繁修改。存储在一个列族当中的所有数据，通常都属于同一种数据类型，这通常意味着具有更高的压缩率。

表中的每个列都归属于某个列族，数据可以被存放到列族的某个列下面，但是在把数据存放到这个列族的某个列下面之前，必须首先创建这个列族。在创建完成一个列族以后，就可以使用同一个列族当中的列。列名都以列族作为前缀。例如，courses：history 和 courses：math 这两个列都属于 courses 这个列族。在 HBase 中，访问控制、磁盘和内存的使用统计都是在列族层面进行的。实际应用中，可以借助列族上的控制权限帮助实现特定的目的。比如，可以允许一些应用能够向表中添加新的数据，而另一些应用则只允许浏览数据。HBase 列族还可以被配置成支持不同类型的访问模式。比如，一个列族也可以被设置成访问模式放入内存当中，以消耗内存为代价，从而换取更好的响应性能。

5. 列限定符

列族里的数据通过列限定符（或列）来定位。列限定符不用事先定义，也不需要在不同行之间保持一致。列限定符没有数据类型，总被视为字节数组 Byte[ ]。

6. 时间戳

每个单元格都保存着同一份数据的多个版本，这些版本采用时间戳进行索引。每次对一个单元格执行操作（新建、修改、删除）时，HBase 都会隐式地自动生成并存储一个时间戳。时间戳一般是 64 位整型，可以由用户自己赋值（自己生成唯一时间戳可以避免应用程序中出现数据版本冲突），也可以由 HBase 在数据写入时自动赋值。一个单元格的不同版本是根据时间戳降序的顺序进行存储的，这样，最新的版本可以被最先读取。

（三）HBase 的数据坐标

HBase 使用坐标来定位表中的数据，也就是说，每个值都是通过坐标来访问的。对于关系数据库而言，数据定位可以理解为采用"二维坐标"，即根据行和列就可以确定表中一个具体的值。但是，HBase 中需要根据行键、列族、列限定符和时间戳来确定一个单元格，因此可以视为一个"四维坐标"，即［行键，列族，列限定符，时间戳］。

（四）HBase 的概念视图

在 HBase 的概念视图中，一个表可以视为一个稀疏、多维的映射关系。表4-3 就是 HBase 存储数据的概念视图，它是一个存储网页的 HBase 表的片段。行键是一个反向 URL（即 com. cnn. www），之所以这样存放，是因为 HBase 是按照行键的字典序来排序存储数据的，采用反向 URL 的方式，可以让来自同一个网站的数据内容都保存在相邻的位置，在按照行键的值进行水平分区时，就可以尽量把来自同一个网站的数据划分到同一个分区（Region）中。contents 列族用来存储网页内容；anchor 列族包含了任何引用这个页面的锚链接文本。CNN 的主页被 Spots Illustrated 和 MY-look 主页同时引用，因此，这里的行包含了名称为"anchor：cnnsi. com"和"anchor：my. look. ca"的列。可以采用"四维坐标"来定位单元格中的数据，比如在这个实例表中，四维坐标 ["com. cnn. www"，"anchor"，"anchor：cnnsi. com"，t_5] 对应的单元格里面存储的数据是"CNN"，四维坐标 ["com. cnn. www"，"anchor"，"anchor：my. look. ca"，t_4] 对应的单元格里面存储的数据是"CNN. com"，四维坐标 ["com. can. www"，"contents"，"html"，t_3] 对应的单元格里面存储的数据是网页内容。可以看出，在一个 HBase 表的概念视图中，每个行都包含相同的列族，尽管行不需要在每个列族里存储数据，比如表 4-3 中，前两行数据中，列族 contents 的内容就为空，后三行数据中，列族 anchor 的内容为空，从这个角度来说，HBase 表是一个稀疏的映射关系，即里面存在很多空的单元格。

（五）HBase 的物理视图

从概念视图层面来看，HBase 中的每个表是由许多行组成的，但是在物理存储层面，它是采用了基于列的存储方式，而不是像传统关系数据库那样采用基于行的存储方式，这也是 HBase 和传统关系数据库的重要区别。表 4-3 的概念视图在物理存储的时候，会存成表 4-4 中的两个小片段，也就是说，这个 HBase 表会按照 contents 和 anchor 这两个列族分别存放，属于同一个列族的数据保存在一起，同时，和每个列族一起存放的还包括行键和时间戳。

表 4-3　HBase 数据的概念视图

行　键	时间戳	列族 contents	列族 anchor
"com. cnn. www"	t_5		anchor：cnnsi. com = "CNN"
	t_4		anchor：my. 100k. ca = "CNN. Com"
"com. can. www"	t_3	contents：html = "< html > …"	
	t_2	contents：html = "< html > …"	
	t_1	contents：html = "< html > …"	

表 4-4　HBase 数据的物理视图

列族 contents

行　键	时间戳	列族 contents
"com. cnn. www"	t_3	contents：html = "< html > …"
	t_2	contents：html = "< html > …"
	t_1	contents：html = "< html > …"

列族 anchor

行　键	时间戳	列族 anchor
"com. cnn. www"	t_5	anchor：cnnsi. corn = "CNN"
	t_4	anchor：my. 100k. Ca = "CNN. Tom"

在表 4-3 的概念视图中可以看到，有些列是空的，即这些列上面不存在值。在物理视图中，这些空的列不会被存储成 null，而是根本就不会被存储，当请求这些空白的单元格的时候，会返回 null 值。

（六）面向列的存储

通过前面的论述，已经知道 HBase 是面向列的存储，也就是说，HBase 是一个"列式数据库"。而传统的关系数据库采用的是面向行的存储，被称为"行式数据库"。为了加深对这个问题的认识，下面对面向行的存储（行式数据库）和面向列的存储（列式数据库）做对比分析。

简单地说，行式数据库使用 NSM（N-ary Storage Model）存储模型，一个元组（或行）会被连续地存储在磁盘页中，也就是说，数据是一行一行被存储的，第一行写入磁盘页后，再继续写入第二行，依此类推。在从磁盘中读取数据时，需要从磁盘中顺序扫描每个元组的完整内容，然后从每个元组中筛选出查询所需要的属性。如果每个元组只有少量属性的值对于查询是有用的，那么 NSM 就会浪费许多磁盘空间和内存带宽。

列式数据库采用 DSM（Decomposition Storage Model）存储模型，它是在 1985 年提出来的，目的是最小化无用的 I/O。DSM 采用了不同于 NSM 的思路，对于采用 DSM 存储模型的关系数据库而言，DSM 会对关系进行垂直分解，并为每个属性分配一个子关系。因此，一个具有 n 个属性的关系会被分解成 n 个子关系，每个子关系单独存储，每个子关系只有当其相应的属性被请求时才会被访问。也就是说，DSM 是以关系数据库中的属性或列为单位进行存储，关系中多个元组的同一属性值（或同一列值）会被存储在一起，而一个元组中不同属性值则通常会被分别存放于不同的磁盘页中。

行式数据库主要适合于小批量的数据处理，如联机事务型数据处理，人们平时熟悉的 Oracle 和 MySQL 等关系数据库都属于行式数据库。列式数据库主要适合于批量数据处理和即席查询（Ad-Hoc Query）。它的优点是：可以降低 I/O 开销，支持大量并发用户查询，其数据处理速度比传统方法快 100 倍，因为仅需要处理可以回答这些查询的列，而不是分类整理与特定查询无关的数据行；具有较高的数据压缩比，较传统的行式数据库更加有效，甚至能达到 5 倍的效果。

列式数据库主要用于数据挖掘、决策支持和地理信息系统等查询密集型系统中，因为一次查询就可以得出结果，而不必每次都要遍历所有的数据库。所以，列式数据库大多都是应用在人口统计调查、医疗分析等行业中，这种行业需要处理大量的数据统计分析，假如采用行式数据库，势必导致消耗的时间会无限放大。

DSM 存储模型的缺陷是：执行连接操作时需要昂贵的元组重构代价，因为一个元组的不同属性被分散到不同磁盘页中存储，当需要一个完整的元组时，就要从多个磁盘页中读取相应字段的值来重新组合得到原来的一个元组。对于联机事务型数据处理而言，需要频繁对一些元组进行修改（如百货商场售出一件衣服后要立即修改库存数据），如果采用 DSM 存储模型，就会带来高昂的开销。在过去的很多年里，数据库主要应用于联机事务型数据处理。因此，在很长一段时间里，主流商业数据库大都采用了 NSM 存储模型而不是 DSM 存储模型。但是，随着市场需求的变化，分析型应用开始发挥着越来越重要的作用，企业需要分析各种经营数据帮助企业制定决策，而对于分析型应用而言，一般数据被存储后不会发生修改（如数据仓库），因此不会涉及昂贵的元组重构代价。所以，从近些年开始，DSM 模型开始受到青睐，并且出现了一些采用 DSM 模型的商业产品和学术研究原型系统，如 Sybase IQ、ParAccel、Sand/DNA Analytics、Vertica、InfmiDB、INFOBright、MonetDB 和 LucidDB。类似 Sybase IQ 和 Vertica 这些商业化的列式数据库，已经可以很好地满足数据仓库等分析型应用的需求，并且可以获得较高的性能。鉴于 DSM 存储模型的许多优良特性，HBase 等非关系型数据库（或称为 NoSQL 数据库）也吸收借鉴了这种面向列的存储格式。

可以看出，如果严格从关系数据库的角度来看，HBase 并不是一个列式存储的数据库，毕竟 HBase 是以列族为单位进行分解（列族当中可以包含多个列），而不是每个列都单独存储，但是 HBase 借鉴和利用了磁盘上的这种列存储格式，所以，从这个角度来说，HBase 可以被视为列式数据库。

四、HBase 的实现原理分析

本节分析 HBase 的实现原理，包括 HBase 的功能组件、表和 Region 以及 Region 的定位机制。

（一）HBase 的功能组件

HBase 的实现包括 3 个主要的功能组件：库函数，链接到每个客户端；一个 Master 主服务器；许多个 Region 服务器。Region 服务器负责存储和维护分配给自己的 Region，处理来自客户端的读写请求。主服务器 Master 负责管理和维护 HBase 表的分区信息，比如，一个表被分成了哪些 Region，每个 Region 被存放在哪台 Region 服务器上，同时也负责维护 Region 服务器列表。因此，如果 Master 主服务器死机，那么整个系统都会无效。Master 会实时监测集群中的 Region 服务器，把特定的 Region 分配到可用的 Region 服务器上，并确保整个集群内部不同 Region 服务器之间的负载均衡，当某个 Region 服务器因出现故障而失效时，Master 会把该故障服务器上存储的 Region 重新分配给其他可用的 Region 服务器。除此以外，Master 还处理模式变化，如表和列族的创建。客户端并不是直接从 Master 主服务器上读取数据，而是在获得 Region 的存储位置信息后，直接从 Region 服务器上读取数据。尤其需要指出的是，HBase 客户端并不依赖于 Master 而是借助于 Zookeeper 来获得 Region 的位置信息的，所以大多数客户端从来不和主服务器 Master 通信，这种设计方式使 Master 的负载很小。

（二）表和 Region

在一个 HBase 中，存储了许多表。对于每个 HBase 表而言，表中的行是根据行键的值的字典序进行维护的，表中包含的行的数量可能非常庞大，无法存储在一台机器上，需要分布存储到多台机器上。因此，需要根据行键的值对表中的行进行分区，每个行区间构成一个分区，被称为 Region，包含了位于某个值域区间内的所有数据，它是负载均衡和数据分发的基本单位，这些 Region 会被分发到不同的 Region

服务器上。

初始时，每个表只包含一个 Region，随着数据的不断插入，Region 会持续增大，当一个 Region 中包含的行数量达到一个阈值时，就会被自动等分成两个新的 Region。随着表中行的数量继续增加，就会分裂出越来越多的 Region。每个 Region 的默认大小是 100 MB 到 200 MB，是 HBase 中负载均衡和数据分发的基本单位。

Master 主服务器会把不同的 Region 分配到不同的 Region 服务器上，但是同一个 Region 是不会被拆分到多个 Region 服务器上的。每个 Region 服务器负责管理一个 Region 集合，通常在每个 Region 服务器上会放置 10~1000 个 Region。

（三）Region 的定位分析

一个 HBase 的表可能非常庞大，会被分裂成很多个 Region，这些 Region 被分发到不同的 Region 服务器上。因此，必须设计相应的 Region 定位机制，保证客户端知道到哪里可以找到自己所需要的数据。

每个 Region 都有一个 RegionID 来标识它的唯一性，这样，一个 Region 标识符就可以表示成"表名 + 开始主键 + RegionID"。

有了 Region 标识符，就可以唯一标识每个 Region。为了定位每个 Region 所在的位置，就可以构建一张映射表，映射表的每个条目（或每行）包含两项内容，一个是 Region 标识符，另一个是 Region 服务器标识，这个条目就表示 Region 和 Region 服务器之间的对应关系，从而就可以知道某个 Region 被保存在哪个 Region 服务器中。这个映射表包含了关于 Region 的元数据（即 Region 和 Region 服务器之间的对应关系），因此也被称为"元数据表"，又名".META.表"。

当一个 HBase 表中的 Region 数量非常庞大的时候，.META.表的条目就会非常多，一个服务器保存不下，也需要分区存储到不同的服务器上，因此.META.表也会被分裂成多个 Region，这时，为了定位这些 Region，就需要再构建一个新的映射表，记录所有元数据的具体位置，这个新的映射表就是"根数据表"，又名"-ROOT-表"。-ROOT-表是不能被分割的，永远只存在一个 Region 用于存放-ROOT-表，因此这个用来存放-ROOT-表的唯一一个 Region 的名字是在程序中被写死的，Master 主服务器永远知道它的位置。

综上所述，HBase 使用类似 B + 树的三层结构来保存 Region 位置信息，表4-5 给出了 HBase 三层结构中每个层次的名称及其具体作用。

表4-5　HBase 的三层结构中各层次的名称和作用

层次	名称	作用
第一层	Zookeeper 文件	记录了-ROOT-表的位置信息
第二层	-ROOT-表	记录了. META. 表的 Region 位置信息，-ROOT-表只能有一个 Region。通过-ROOT-表就可以访问. META. 表中的数据
第三层	. META. 表	记录了用户数据表的 Region 位置信息，. META. 表可以有多个 Region，保存了 HBase 中所有用户数据表的 Region 位置信息

为了加快访问速度，. META. 表的全部 Region 都会被保存在内存中。假设. META. 表的每行（一个映射条目）在内存中大约占用 l KB，并且每个 Region 限制为 128MB，那么，上面的三层结构可以保存的用户数据表的 Region 数目的计算方法是：（-ROOT-表能够寻址的. META. 表的 Region 个数）×（每个. META. 表的 Region 可以寻址的用户数据表的 Region 个数）。一个-ROOT-表最多只能有一个 Region，也就是最多只能有 128MB，按照每行（一个映射条目）占用 1KB 内存计算，128MB 空间可以容纳 $128MB/1KB = 2^{17}$ 行，也就是说，一个-ROOT-表可以寻址 2^{17} 个. META. 表的 Region。同理，每个. META. 表的 Region 可以寻址的用户数据表的 Region 个数是 $128MB/1KB = 2^{17}$。最终，三层结构可以保存的 Region 数目是（128MB/1KB）×（128MB/1KB）$= 2^{34}$ 个 Region。可以看出，这种数量已经足够满足实际应用中的用户数据存储需求。

客户端访问用户数据之前，需要首先访问 Zookeeper，获取-ROOT-表的位置信息，然后访问-ROOT-表，获得. META. 表的信息，接着访问. META. 表，找到所需的 Region 具体位于哪个 Region 服务器，最后才会到该 Region 服务器读取数据。该过程需要多次网络操作，为了加速寻址过程，一般会在客户端做缓存，把查询过的位置信息缓存起来，这样以后访问相同的数据时，就可以直接从客户端缓存中获取 Region 的位置信息，而不需要每次都经历一个"三级寻址"过程。需要注意的是，随着 HBase 中表的不断更新，Region 的位置信息可能会发生变化，但是客户端缓存并不会自己检测 Region 位置信息是否失效，而是在需要访问数据时，从缓存中获取 Region 位置信息却发现不存在的时候，才会判断出缓存失效，这时，就需要再次经历上述的"三级寻址"过程，重新获取最新的 Region 位置信息去访问数据，并用最新的 Region 位置信息替换缓存中失效的信息。

当一个客户端从 Zookeeper 服务器上拿到-ROOT-表的地址以后，就可以通过"三级寻址"找到用户数据表所在的 Region 服务器，并直接访问该 Region 服务器获得数据，没有必要再连接主服务器 Master。因此，主服务器的负载相对就小了很多。

第三节　NoSQL 数据库概述及其三大基石

传统的关系数据库可以较好地支持结构化数据存储和管理，它以完善的关系代数理论作为基础，具有严格的标准，支持事务 ACID，借助索引机制可以实现高效的查询。因此，自从 20 世纪 70 年代诞生以来就一直是数据库领域的主流产品类型。但是，Web 2.0 的迅猛发展以及大数据时代的到来，使关系数据库的发展越来越力不从心。在大数据时代，数据类型繁多，包括结构化数据和各种非结构化数据，其中非结构化数据的比例更是高达90%以上。关系数据库由于数据模型不灵活、水平扩展能力较差等局限性，已经无法满足各种类型的非结构化数据的大规模存储需求。不仅如此，关系数据库引以为豪的一些关键特性，如事务机制和支持复杂查询，在 Web 2.0 时代的很多应用中都成为"鸡肋"。因此，在新的应用需求驱动下，各种新型的 NoSQL 数据库不断涌现，并逐渐获得市场的青睐。

本节首先分析 NoSQL 兴起的原因，比较 NoSQL 数据库与传统的关系数据库的差异；然后分析 NoSQL 数据库的四大类型以及 NoSQL 数据库的三大基石；最后简要阐述与 NoSQL 数据库同样受到关注的 NewSQL 数据库。

一、NoSQL 的特征分析

NoSQL 是一种不同于关系数据库的数据库管理系统设计方式，是对非关系型数据库的统称，它所采用的数据模型并非传统关系数据库的关系模型，而是类似键/值、列族、文档等非关系模型，其特征如下。

（一）NoSQL 是灵活的数据模型

关系模型是关系数据库的基石，它以完备的关系代数理论为基础，具有规范的定义，遵守各种严格的约束条件。这种做法虽然保证了业务系统对数据一致性的需求，但是过于死板的数据模型，也意味着无法满足各种新兴的业务需求。相反，NoSQL 数据库天生就旨在摆脱关系数据库的各种束缚条件，摒弃了流行多年的关系数据模型，转而采用键值、列族等非关系模型，允许在一个数据元素里存储不同类型的数据。

（二）NoSQL 拥有灵活的可扩展性

传统的关系型数据库由于自身设计机理的原因，通常很难实现"横向扩展"，在面对数据库负载大规模增加时，往往需要通过升级硬件来实现"纵向扩展"。但是，当前的计算机硬件制造工艺已经达到一个限度，性能提升的速度开始趋缓，已经远远赶不上数据库系统负载的增加速度，而且配置高端的高性能服务器价格不菲，因此寄希望于通过"纵向扩展"满足实际业务需求，已经变得越来越不现实。相反，"横向扩展"仅需要非常普通廉价的标准化刀片服务器，不仅具有较高的性价比，也提供了理论上近乎无限的扩展空间。NoSQL 数据库在设计之初就是为了满足"横向扩展"的需求，因此天生具备良好的水平扩展能力。

（三）NoSQL 与云计算紧密融合

云计算具有很好的水平扩展能力，可以根据资源使用情况进行自由伸缩，各种资源可以动态加入或退出，NoSQL 数据库可以凭借自身良好的横向扩展能力，充分自由利用云计算基础设施，很好地融入到云计算环境中，构建基于 NoSQL 的云数据库服务。

二、NoSQL 兴起的原因分析

关系数据库是指采用关系模型的数据库，最早是由图灵奖得主、有"关系数据库之父"之称的埃德加·弗兰克·科德于 1970 年提出的。由于具有规范的行和列结构，因此存储在关系数据库中的数据通常也被称为"结构化数据"，用来查询和操作关系数据库的语言被称为"结构化查询语言"（Structual Query Language，SQL）。由于关系型数据库具有完备的数学理论基础、完善的事务管理机制和高效的查询处理引擎，因此在社会生产和生活中得到了广泛的应用，并从 20 世纪 70 年代到 21 世纪前 10 年，一直占据商业数据库应用的主流位置。目前主流的关系数据库有 Oracle、DB2、SQL Server、Sybase、MySQL 等。

尽管数据库的事务和查询机制较好地满足了银行、电信等各类商业公司的业务数据管理需求，但是随着 Web 2.0 的兴起和大数据时代的到来，关系数据库已经显得越来越力不从心，暴露出越来越多难以克服的缺陷，于是 NoSQL 数据库应运而生，它很好地满足了 Web 2.0 的需求，得到市场的青睐。

（一）关系数据库无法满足 Web 2.0 的需求

关系数据库已经无法满足 Web 2.0 的需求，主要表现在以下 3 个方面。

1. 无法满足数据高并发的需求

在 Web 1.0 时代，通常采用动态页面静态化技术，事先访问数据库生成静态页面供浏览者访问，从而保证在大规模用户访问时，也能够获得较好的实时响应性能。但是，在 Web 2.0 时代，各种用户都在不断地发生更新，购物记录、搜索记录、微博粉丝数等信息都需要实时更新，动态页面静态化技术基本没有用武之地，所有信息都需要动态实时生成，就会导致高并发的数据库访问，可能产生每秒上万次的读写请求，对于很多关系数据库而言，这都是"难以承受之重"。

2. 无法满足海量数据的管理需求

在 Web 2.0 时代，每个用户都是信息的发布者，用户的购物、社交、搜索等网络行为都在产生大量数据。据统计，在 1 分内，新浪微博可以产生 2 万条微博，淘宝网可以卖出 6 万件商品，人人网可以发生 30 万次访问，百度可以产生 90 万次搜索查询。对于上述网站而言，很快就可以产生超过 10 亿条的记录，对于关系数据库来说，在一张 10 亿条记录的表里进行 SQL 查询，效率极其低下甚至是不可忍受的。

3. 无法满足高可扩展性和高可用性的需求

在 Web 2.0 时代，不知名的网站可能一夜爆红，用户迅速增加，已经广为人知的网站也可能因为发布了热门吸引眼球的信息，引来大量用户在短时间内围绕该信息大量交流互动，这些都会导致对数据库读写负荷的急剧增加，需要数据库能够在短时间内迅速提升性能应对突发需求。但是，遗憾的是，关系数据库通常是难以水平扩展的，没有办法像网页服务器和应用服务器那样简单地通过添加更多的硬件和服务节点来扩展性能和负载能力。

（二）关系数据库的关键特性不适合 Web 2.0

关系数据库的关键特性包括完善的事务机制和高效的查询机制。关系数据库的事务机制是由 1998 年图灵奖获得者、被誉为"数据库事务处理专家"的詹姆斯·格雷提出的，一个事务具有原子性、一致性、隔离性、持续性等"ACID"四性，有了事务机制，数据库中的各种操作可以保证数据的一致性修改。关系数据库还拥有非常高效的查询处理引擎，可以对查询语句进行语法分析和性能优化，保证查询的高效执行。但是，关系数据库引以为傲的两个关键特性到了 Web 2.0时代却成了"鸡肋"，主要表现在以下 3 个方面。

1. Web 2.0 通常不包含大量复杂的 SQL 查询

复杂的 SQL 查询通常包含多表连接操作，在数据库中，多表链接操作代价高昂，因此各类 SQL 查询处理引擎都设计了十分巧妙的优化机制，通过调整选择、投影、链接等操作的顺序，达到尽早缩小参与链接操作的元组数目的目的，从而降低链接代价、提高连接效率。但是，Web 2.0 网站在设计时就已经尽量减少甚至避免这类操作，通常只采用单表的主键查询，因此关系数据库的查询优化机制在 Web 2.0 中也就难以有所作为。

2. Web 2.0 网站系统通常不要求严格的数据库事务

对于许多 Web 2.0 网站而言，数据库事务已经不是那么重要。比如，对于微博网站而言，如果一个用户发布微博过程出现错误，可以直接丢弃该信息，而不必像关系数据库那样执行复杂的回滚操作，这样并不会给用户造成什么损失。而且，数据库事务通常有一套复杂的实现机制来保证数据库一致性，需要大量系统开销，对于包含大量频繁实时读写请求的 Web 2.0 网站而言，实现事务的代价是难以承受的。

3. Web 2.0 并不要求严格的读写实时性

对于关系数据库而言，一旦有一条数据记录成功插入数据库中，就可以立即被查询。这对于银行等金融机构而言，是非常重要的。银行用户肯定不希望自己刚刚存入一笔钱，却无法在系统中立即查询到这笔存款记录。但是，对于 Web 2.0 而言，却没有这种实时读写需求，用户的微博粉丝数量增加了 10 个，在几分钟后显示更新后的粉丝数量，用户可能也不会察觉。

三、NoSQL 与关系数据库的比较研究

表 4-6 给出了 NoSQL 和关系数据库（Relational DataBase Management System，RDBMS）的简单比较，可以从中发现各自的优势与劣势。

表 4-6　NoSQL 和关系数据库的简单比较

比较标准	关系数据库	NoSQL	备　注
数据库原理	完全支持	部分支持	关系数据库有关系代数理论作为基础。 　　NoSQL 没有统一的理论基础

比较标准	关系数据库	NoSQL	备　注
数据规模	大	超大	关系数据库很难实现横向扩展，纵向扩展的空间也比较有限，性能会随着数据规模的增大而降低 　　NoSQL 可以很容易通过添加更多设备来支持更大规模的数据
数据库模式	固定	灵活	关系数据库需要定义数据库模式，严格遵守数据定义和相关约束条件 　　NoSQL 不存在数据库模式，可以自由、灵活地定义并存储各种不同类型的数据
查询效率	快	可以实现高效的简单查询，但是不具备高度结构化查询等特性，复杂查询的性能不尽人意	关系数据库借助于索引机制可以实现快速查询（包括记录查询和范围查询） 　　很多 NoSQL 数据库没有面向复杂查询的索引，虽然 NoSQL 可以使用 MapReduce 来加速查询，但是在复杂查询方面的性能仍然不如关系数据库
一致性	强一致性	弱一致性	关系数据库严格遵守事务 ACID 模型，可以保证事务强一致性 　　很多 NoSQL 数据库放松了对事务 ACID 四性的要求，而是遵守 BASE 模型，只能保证最终一致性
数据完整性	容易实现	很难实现	任何一个关系数据库都可以很容易实现数据完整性，如通过主键或者非空约束来实现实体完整性，通过主键、外键来实现参照完整性，通过约束或者触发器来实现用户自定义完整性，但是在 NoSQL 数据库却无法实现

续表

比较标准	关系数据库	NoSQL	备　注
扩展性	一般	好	关系数据库很难实现横向扩展，纵向扩展的空间也比较有限 　　NoSQL 在设计之初就充分考虑了横向扩展的需求，可以很容易通过添加廉价设备实现扩展
可用性	好	很好	关系数据库在任何时候都以保证数据一致性为优先目标，其次才是优化系统性能，随着数据规模的增大，关系数据库为了保证严格的一致性，只能提供相对较弱的可用性 　　大多数 NoSQL 都能提供较高的可用性
标准化	是	否	关系数据库已经标准化（SQL） 　　NoSQL 还没有行业标准，不同的 NoSQL 数据库都有自己的查询语言，很难规范应用程序接口
技术支持	高	低	关系数据库经过几十年的发展，已经非常成熟，Oracle 等大型厂商都可以提供很好的技术支持 　　NoSQL 在技术支持方面仍然处于起步阶段，还不成熟，缺乏有力的技术支持
可维护性	复杂	复杂	关系数据库需要专门的数据库管理员（DBA）维护 　　NoSQL 数据库虽然没有关系数据库复杂，但也难以维护

通过上述对 NoSQL 数据库和关系数据库的一系列比较可以看出，

二者各有优势，也都存在不同层面的缺陷。因此，在实际应用中，二者都可以有各自的目标用户群体和市场空间，不存在一个完全取代另一个的问题。对于关系数据库而言，在一些特定应用领域，其地位和作用仍然无法被取代，银行、超市等领域的业务系统仍然需要高度依赖于关系数据库来保证数据的一致性。此外，对于一些复杂查询分析型应用而言，基于关系数据库的数据仓库产品，仍然可以比 NoSQL 数据库获得更好的性能，比如，有研究人员利用基准测试数据集 TPC-H 和 YCSB（Yahoo！Cloud Serving Benchmark），对微软公司基于 SQL Server 的并行数据仓库产品 PDW（Parallel Data Warehouse）和 Hadoop 平台上的数据仓库产品 Hive（属于 NoSQL）进行了实验比较，实验结果表明 PDW 要比 Hive 性能快 9 倍。对于 NoSQL 数据库而言，Web 2.0 领域是其未来的主战场，Web 2.0 网站系统对于数据一致性要求不高，但是对数据量和并发读写要求较高，NoSQL 数据库可以很好地满足这些应用的需求。在实际应用中，一些公司也会采用混合的方式构建数据库应用，比如亚马逊公司就使用不同类型的数据库来支撑它的电子商务应用。对于"购物篮"这种临时性数据，采用键值存储会更加高效，而当前的产品和订单信息则适合存放在关系数据库中，大量的历史订单信息则适合保存在类似 MongoDB 的文档数据库中。

四、NoSQL 的类型

近些年，NoSQL 数据库发展势头非常迅猛。在短短四五年时间内，NoSQL 领域就爆炸性地产生了 50～150 个新的数据库（http：//nosql. database. org/）。据一项网络调查显示，行业中最需要的开发人员技能前 10 名依次是 HTML5、MongoDB、iOS、Android、Mobile Apps、Puppet、Hadoop、iQuery、PaaS 和 Social Media。其中，MongoDB（一种文档数据库，属于 NoSQL）的热度甚至位于 iOS 之前，这样足以看出 NoSQL 的受欢迎程度。感兴趣的读者可以参考《七周七数据库》一书，学习 Riak、Apache HBase、MongoDB、Apache CouchDB、Neo4j 和 Redis 等 NoSQL 数据库的使用方法。

NoSQL 数据库虽然数量众多，但是归结起来，典型的 NoSQL 数据库通常包括文档数据库、列族数据库、键值数据库和图数据库。

（一）文档数据库

在文档数据库中，文档是数据库的最小单位。虽然每一种文档数据库的部署都有所不同，但是大都假定文档以某种标准化格式封装并对数据进行加密，同时用多种格式进行解码，包括 XML、YAML、JSON 和 BSON 等，或者也可以使用二进制格式（如 PDF、微软 Office 文档等）。文档数据库通过键来定位一个文档，因此可以看作键值数据库的一个衍生品，而且前者比后者具有更高的查询效率。对于那些可以把输入数据表示成文档的应用而言，文档数据库是非常合适的。一个文档可以包含非常复杂的数据结构，如嵌套对象，并且不需要采用特定的数据模式，每个文档可能具有完全不同的结构。文档数据库既可以根据键（Key）来构建索引，也可以基于文档内容来构建索引。尤其是基于文档内容的索引和查询这种能力，是文档数据库不同于键值数据库的地方，因为在键值数据库中，值（Value）对数据库是透明不可见的，不能根据值来构建索引。文档数据库主要用于存储并检索文档数据，当需要考虑很多关系和标准化约束以及需要事务支持时，传统的关系数据库是更好的选择。文档数据库的相关产品、数据模型、典型应用、优缺点和使用者见表4-7。

表4-7　文档数据库

项目	描述
相关产品	CouchDB、MongoDB、Terrastore、ThruDB、RavenDB、SisoDB、RaptorDB、CloudKit、Perservere、Jackrabbit
数据模型	版本化的文档
典型应用	存储、索引并管理面向文档的数据或者类似的半结构化数据
优点	性能好、灵活性高、复杂性低、数据结构灵活
缺点	缺乏统一的查询语法
使用者	百度云数据库（MongoDB）、SAP（MongoDB）、Codecademy（MongoDB）、Foursquare（MongoDB）、NBC News（RavenDB）

（二）列族数据库

列族数据库一般采用列族数据模型，数据库由多个行构成，每行数据包含多个列族，不同的行可以具有不同数量的列族，属于同一列族的数据会被存放在一起。每行数据通过行键进行定位，与这个行键对应的是一个列族，从这个角度来说，列族数据库也可以被视为一个键值数据库。列族可以被配置成支持不同类型的访问模式，一个列族也可以被设置成放入内存当中，以消耗内存为代价来换取更好的响应性能。列族数据库的相关产品、数据模型、典型应用、优缺点和使用者见表4-8。

表4-8 列族数据库

项目	描述
相关产品	BigTable、HBase、Cassandra、HadoopDB、GreenPlum、PNUTS
数据模型	列族
典型应用	分布式数据存储与管理
优点	查找速度快、可扩展性强、容易进行分布式扩展、复杂性低
缺点	功能较少，大都不支持强事务一致性
使用者	Ebay（Cassandra）、Instagram（Cassandra）、NASA（Cassandra）、Twitter（Cassandra and HBase）、Facebook（HBase）、Yahoo!（HBase）

（三）键值数据库

键值数据库（Key-Value Database）会使用一个哈希表，这个表中有一个特定的 Key 和一个指针指向特定的 Value。Key 可以用来定位Value，即存储和检索具体的 Value。Value 对数据库而言是透明不可见的，不能对 Value 进行索引和查询，只能通过 Key 进行查询。Value 可以用来存储任意类型的数据，包括整型、字符型、数组、对象等。在存在大量写操作的情况下，键值数据库可以比关系数据库取得明显更好的性能。因为，关系数据库需要建立索引来加速查询，当存在大量写操作时，索引会发生频繁更新，由此会产生高昂的索引维护代价。关系数据库通常很难水平扩展，但是键值数据库天生具有良好的伸缩性，理论上几乎可以实现数据量的无限扩容。键值数据库可以进一步划分为内存键值数据库和持久化（Persistent）键值数据库。内存键值数据库把数据保存在内存，如 Memcached 和 Redis；持久化键值数据库把数据保存在磁盘，如 BerkeleyDB、Voldmort 和 Riak。

当然，键值数据库也有自身的局限性，条件查询就是键值数据库的弱项。因此，如果只对部分值进行查询或更新，效率就会比较低下。在使用键值数据库时，应该尽量避免多表关联查询，可以采用双向冗余存储关系来代替表关联，把操作分解成单表操作。此外，键值数据库在发生故障时不支持回滚操作，因此无法支持事务。键值数据库的相关产品、数据模型、典型应用、优缺点和使用者见表4-9。

表4-9　键值数据库

项目	描述
相关产品	Redis、Riak、SimpleDB、Chordless、Scalaris、Memcached
数据模型	键/值对
典型应用	内容缓存，如会话、配置文件、参数、购物车等
优点	扩展性好、灵活性好、大量写操作时功能高
缺点	无法存储结构化信息、条件查询效率较低
使用者	百度云数据库（Redis）、GitHub（Riak）、BestBuy（Riak）、Twitter（Redis 和 Memcached）、Smckovewlow（Redis）、Instagram（Redis）、Youtube（Memcached）、Wikipedia（Memcached）

（四）图数据库

图数据库以图论为基础，一个图是一个数学概念，用来表示一个对象集合，包括顶点以及连接顶点的边。图数据库使用图作为数据模型来存储数据，完全不同于键值、列族和文档数据模型，可以高效地存储不同顶点之间的关系。图数据库专门用于处理具有高度相互关联关系的数据，可以高效地处理实体之间的关系，比较适合于社交网络、模式识别、依赖分析、推荐系统以及路径寻找等问题。有些图数据库（如 Neo4j），完全兼容 ACID。但是，除了在处理图和关系这些应用领域具有很好的性能以外，在其他领域，图数据库的性能不如其他 NoSQL 数据库。图数据库的相关产品、数据模型、典型应用、优缺点和使用者见表4-10。

表4-10　图数据库

项　　目	描　　述
相关产品	Neo4j、OrientDB、InfoGrid、Infinite Graph、GraphDB
数据模型	图结构
典型应用	应用于大量复杂、互连接、低结构化的图结构场合，如社交网络、推荐系统等
优点	灵活性高、支持复杂的图算法、可用于构建复杂的关系图谱
缺点	复杂性高、只能支持一定的数据规模
使用者	Adobe（Neo4j）、Cisco（Neo4j）、T-Mobile（Neo4j）

五、NoSQL 的三大基石解读

NoSQL 的三大基石包括 CAP、BASE 和最终一致性。

（一）CAP

2000 年，美国著名科学家、伯克利大学的 Eric Brewer 教授指出了著名的 CAP 理论，后来美国麻省理工学院（MIT）的两位科学家 Seth Gilbert 和 Nancy lynch 证明了 CAP 理论的正确性。所谓 CAP 指的是：

（1）C（Consistency）：一致性。它是指任何一个读操作总是能够读到之前完成的写操作的结果，也就是在分布式环境中，多点的数据是一致的。

（2）A（Availability）：可用性。它是指快速获取数据，可以在确定的时间内返回操作结果。

（3）P（Tolerance of Network Partition）：分区容忍性。它是指当出现网络分区的情况时（即系统中的一部分节点无法和其他节点进行通信），分离的系统也能够正常运行。

CAP 理论说明，一个分布式系统不可能同时满足一致性、可用性和分区容忍性这 3 个需求，最多只能同时满足其中 2 个，正所谓"鱼和熊掌不可兼得"。如果追求一致性，那么就要牺牲可用性，需要处理因为系统不可用而导致的写操作失败的情况；如果要追求可用性，那么就要预估到可能发生数据不一致的情况，比如，系统的读操作可能不能精确地读取到写操作写入的最新值，如图 4-1 所示。

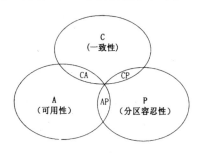

图 4-1　CAP 理论

当处理 CAP 的问题时，可以有以下几个明显的选择，如图 4-2 所示。

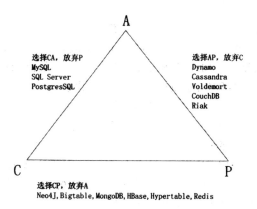

图 4-2　不同产品在 CAP 理论下的不同设计原则

（1）CA。也就是强调一致性（C）和可用性（A），放弃分区容忍性（P），最简单的做法是把所有与事务相关的内容都放到同一台机器上。很显然，这种做法会严重影响系统的可扩展性。传统的关系数据库（MySQL、SQL Server 和 PostgreSQL）都采用了这种设计原则，因此扩展性都比较差。

（2）CP。也就是强调一致性（C）和分区容忍性（P），放弃可用性（A），当出现网络分区的情况时，受影响的服务需要等待数据一致，因此在等待期间就无法对外提供服务。Neo4j、BigTable 和 HBase 等 NoSQL 数据库都采用了 CP 设计原则。

（3）AP。也就是强调可用性（A）和分区容忍性（P），放弃一致性（C），允许系统返回不一致的数据。这对于许多 Web 2.0 网站而言是可行的，这些网站的用户首先关注的是网站服务是否可用，当用户需要发布一条微博时，必须能够立即发布，否则，用户就会放弃使用，但是这条微博发布后什么时候能够被其他用户读取到，则不是非常重要的问题，不会影响到用户体验。因此，对于 Web 2.0 网站而言，可用性与分区容忍性优先级要高于数据一致性，网站一般会尽量朝着 AP 的方向设计。当然，在采用 AP 设计时，也可以不完全放弃一致性，转而采用最终一致性。Dynamo、Riak、CouchDB、Cassandra 等 NoSQL 数据库就采用了 AP 设计原则。

（二）BASE

关系数据库系统中设计了复杂的事务管理机制来保证事务在执行过程中严格满足 ACID 四性要求。其中 A（Atomicity）意为原子性，C（Consistency）意为一致性，I（Isolation）意为隔离性，D（Durability）意为持久性。关系数据库的事务机制较好地满足了银行等领域对数据一致性的要求，因此得到了广泛的商业应用。但是，NoSQL 数据库通常应用于 Web 2.0 网站等场景中，对数据一致性的要求并不是很高，而是强调系统的高可用性，因此为了获得系统的高可用性，可以考虑适当牺牲一致性或分区容忍性。BASE 的基本思想就是在这个基础上发展起来的，它完全不同于 ACID 模型，BASE 牺牲了高一致性，从而获得可用性或可靠性，Cassandra 系统就是一个很好的实例。有意思的是，单从名字上就可以看出二者有点"水火不容"，BASE 的英文意义是碱，而 ACID 的英文含义是酸。

BASE 的基本含义是基本可用（Basically Availble）、软状态（Soft.

state）和最终一致性（Eventual Consistency）。

1. 基本可用

基本可用是指一个分布式系统的一部分发生问题变得不可用时，其他部分仍然可以正常使用，也就是允许分区失败的情形出现。比如，一个分布式数据存储系统由 10 个节点组成，当其中 1 个节点损坏不可用时，其他 9 个节点仍然可以正常提供数据访问，那么，就只有 10%的数据是不可用的，其余 90%的数据都是可用的，这时就可以认为这个分布式数据基本可用。

2. 软状态

"软状态"（Soft. state）是与"硬状态"（Hard. state）相对应的一种提法。数据库保存的数据是"硬状态"时，可以保证数据一致性，即保证数据一直是正确的。"软状态"是指状态可以有一段时间不同步，具有一定的滞后性。假设某个银行中的一个用户 A 转移资金给另外一个用户 B，假设这个操作通过消息队列来实现解耦，即用户 A 向发送队列中放入资金，资金到达接收队列后通知用户 B 取走资金。由于消息传输的延迟，这个过程可能会存在一个短时的不一致性，即用户 A 已经在队列中放入资金，但是资金还没有到达接收队列，用户 B 还没拿到资金，这就会出现数据不一致状态，即用户 A 的钱已经减少了，但是用户 B 的钱并没有相应增加，也就是说，在转账的开始和结束状态之间存在一个滞后时间，在这个滞后时间内，两个用户的资金似乎都消失了，出现了短时的不一致状态。虽然这对用户来说有一个滞后，但是这种滞后是用户可以容忍的，甚至用户根本感知不到，因为两边用户实际上都不知道资金何时到达。当经过短暂延迟后，资金到达接收队列时，就可以通知用户 B 取走资金，状态最终一致。

3. 最终一致性

一致性的类型包括强一致性和弱一致性，二者的主要区别在于，在高并发的数据访问操作下，后续操作是否能够获取最新的数据。对于强一致性而言，当执行完一次更新操作后，后续的其他读操作就可以保证读到更新后的最新数据；反之，如果不能保证后续访问读到的都是更新后的最新数据，那么就是弱一致性。而最终一致性只不过是弱一致性的一种特例，允许后续的访问操作可以暂时读不到更新后的数据，但是经过一段时间之后，必须最终读到更新后的数据。最终一致性也是 KCID 的最终目的，只要最终数据是一致的就可以了，而不是每时每刻都保持实时一致。

（三）最终一致性

讨论一致性的时候，需要从客户端和服务端两个角度来考虑。从服务端来看，一致性是指更新如何复制分布到整个系统，以保证数据最终一致。从客户端来看，一致性主要指的是高并发的数据访问操作下，后续操作是否能够获取最新的数据。关系数据库通常实现强一致性，也就是一旦一个更新完成，后续的访问操作都可以立即读取到更新过的数据。而对于弱一致性而言，则无法保证后续访问都能够读到更新后的数据。

最终一致性的要求更低，只要经过一段时间后能够访问到更新后的数据即可。也就是说，如果一个操作 OP 往分布式存储系统中写入了一个值，遵循最终一致性的系统可以保证，如果后续访问发生之前没有其他写操作去更新这个值的话，那么，最终所有后续的访问都可以读取到操作 OP 写入的最新值。从 OP 操作完成到后续访问可以最终读取到 OP 写入的最新值，这之间的时间间隔称为"不一致性窗口"，如果没有发生系统失败的话，这个窗口的大小依赖于交互延迟、系统负载和副本个数等因素。

最终一致性根据更新数据后各进程访问到数据的时间和方式的不同，又可以分为因果一致性、"读己之所写"一致性、会话一致性、单调读一致性、单调写一致性。

第四节　云数据库概述及系统构架

研究机构 IDC 预言，大数据将按照每年 60% 的速度增加，其中包含结构化和非结构化数据。如何方便、快捷、低成本地存储这些海量数据，是许多企业和机构面临的一个严峻挑战。云数据库就是一个非常好的解决方案，目前云服务提供商正通过云技术推出更多可在公有云中托管数据库的方法，将用户从烦琐的数据库硬件定制中解放出来，同时让用户拥有强大的数据库扩展能力，满足海量数据的存储需求。此外，云数据库还能够很好地满足企业动态变化的数据存储需求和中小企业的低成本数据存储需求。可以说，在大数据时代，云数据库将成为许多企业数据的目的地。

本节首先阐述云数据库的概念、特性及其与其他数据库的关系，然后分析云数据库的代表性产品和厂商，最后以阿里云数据库 RDS 为实例演示如何使用云数据库。

一、云数据库概述

云计算的发展推动了云数据库的兴起，本节阐述云数据库的概念、特性以及云数据库与其他数据库的关系。

（一）云计算是云数据库兴起的基础

云计算是分布式计算、并行计算、效用计算、网络存储、虚拟化、负载均衡等计算机和网络技术发展融合的产物。云计算是由一系列可以动态升级和被虚拟化的资源组成的，用户无须掌握云计算的技术，只要通过网络就可以访问这些资源。

云计算主要包括 3 种类型，即 IaaS（Infrastructure as a Service）、PaaS（Platform as a Service）和 SaaS（Software as a Service）。以 SaaS 为例，它极大地改变了用户使用软件的方式，用户不再需要购买软件安装到本地计算机上，只要通过网络就可以使用各种软件。SaaS 厂商将应用软件统一部署在自己的服务器上，用户可以在线购买、在线使用、按需付费。成立于 1999 年的 Salesforce 公司，是 SaaS 厂商的先驱，提供 SaaS 云服务，并提出了"终结软件"的口号。在该公司的带动下，其他 SaaS 厂商如雨后春笋般地大量涌现。

与传统的软件使用方式相比，云计算这种模式具有明显的优势，见表4-11。

表 4-11 传统的软件使用方式和云计算方式的比较

项目	传统方式	云计算方式
获得软件的方式	自己投资建设机房，搭建硬件平台，购买软件在本地安装	直接购买云计算厂商的软件服务
使用方式	本地安装，本地使用	软件运行在云计算厂商服务器上，用户在任何有网络接入的地方都可以通过网络使用软件服务
付费方式	需要一次性支付较大的初期投入成本，包括建设机房、配置硬件、购买各种软件（操作系统、杀毒、业务软件等）	零成本投入就可以立即获得所需的 IT 资源，只需要为所使用的资源付费，多用多付，少用少付，极其廉价
维护成本	需要自己花钱聘请专业技术人员维护	零成本，所有维护工作由云计算厂商负责
获得 IT 资源的速度	需要耗费较长时间建设机房、购买和安装调试设备系统	随时可用，购买服务后立即可用
共享方式	自己建设，自给自足	云计算厂商建设好云计算服务平台后，同时为众多用户提供服务
维修速度	出现病毒、系统崩溃等问题时，需要自己聘请 IT 人员维护，很多普通企业的 IT 人员技术能力有限，碰到一些问题甚至需要寻找外援，通常不能立即解决	出现任何系统问题时，云计算厂商都会凭借其专业化团队给出及时响应，确保云服务的正常使用

项目	传统方式	云计算方式
资源利用率	利用率较低，投入大量资金建设的 IT 系统，往往只供企业自己使用，当企业不需要那么多 IT 资源时，就会产生资源浪费	利用率较高，每天都可以为大量用户提供服务；当存在闲置资源时，云计算管理系统会自动关闭和退出多余资源；当需要增加资源时，又会自动启动和加入相关资源
用户搬迁时的成本	当企业搬家时，原来的机房设施就要作废，需要在新地方重新投入较大成本建设机房	企业无论搬迁到哪里，都可以通过网络重新归为零成本立即获得云计算服务，因为资源在云端，不在用户端，用户搬迁不会影响到 IT 资源的分布
响到 IT 资源的分布资源可拓展性	企业自己建设的 IT 基础设施的服务能力通常是有上限的，当企业业务量突然增加时，现有的 IT 基础设施无法立即满足需求，就需要花费时间和金钱购买和安装新设备；当业务高峰过去时，多余的设备就会闲置，造成资源浪费	云计算厂商可以为企业提供近乎无限的 IT 资源（存储和计算等资源），用户想用多少都可以立即获得，当用户不使用时，只需退订多余资源，不存在任何资源闲置问题

（二）认识云数据库

云数据库是部署和虚拟化在云计算环境中的数据库。云数据库是在云计算的大背景下发展起来的一种新兴的共享基础架构的方法，它极大地增强了数据库的存储能力，消除了人员、硬件、软件的重复配置，让软、硬件升级变得更加容易，同时也虚拟化了许多后端功能。云数据库具有高可扩展性、高可用性、采用多租户形式和支持资源有效分发等特点。

需要指出的是，有人认为数据库属于应用基础设施（即中间件），因此把云数据库列入 PaaS 的范畴，也有人认为数据库本身也是一种应用软件，因此把云数据库划入 SaaS。对于这个问题，在此，把云数据库划入 SaaS，但同时也认为，云数据库到底应该被划入 PaaS 还是 SaaS，这并不是最重要的。实际上，云计算 IaaS、PaaS 和 SaaS 这 3 个层次之间的界限有些时候也不是非常明晰。

对于云数据库而言，最重要的方面就是它允许用户以服务的方式通过网络获得云端的数据库功能。

（三）云数据库的特性分析

云数据库具有以下特性。

1. 云数据库具有高可用性

不存在单点失效问题。如果一个节点失效了，剩余的节点就会接管未完成的事务。而且，在云数据库中，数据通常是冗余存储的，在地理上也是分布的，所以即使某个区域内的云设施发生失效，数据也可继续可用。

2. 云数据库具有易用性

使用云数据库的用户不用控制运行原始数据库的机器，也不必了解它身在何处。用户只需要一个有效的连接字符串（URL）就可以开始使用云数据库，而且就像使用本地数据库一样。许多基于 MySQL 的云数据库产品（如腾讯云数据库、阿里云 RDS 等），完全兼容 MySQL 协议，用户可通过基于 MySQL 协议的客户端或者 API 访问实例。用户可无缝地将原有 MySQL 应用迁移到云存储平台，无须进行任何代码改造。

3. 云数据库具有动态可扩展性

理论上，云数据库具有无限可扩展性，可以满足不断增加的数据存储需求。在面对不断变化的条件时，云数据库可以表现出很好的弹性。

4. 云数据库可免除维护

用户不需要关注后端机器及数据库的稳定性、网络问题、机房灾难、单库压力等各种风险，云数据库服务商提供 7×24h 的专业服务，扩容和迁移对用户透明且不影响服务，并且可以提供全方位、全天候立体式监控，用户无须半夜去处理数据库故障。

5. 云数据库具有高性能

采用大型分布式存储服务集群，支撑海量数据访问，多机房自动冗余备份，自动读写分离。

6. 云数据库具有较低的使用代价

通常采用多租户（Multi-tenancy）的形式，同时为多个用户提供服务，这种共享资源的形式对于用户而言可以节省开销，而且用户采用"按需付费"的方式使用云计算环境中的各种软、硬件资源，不会产生不必要的资源浪费。另外，云数据库底层存储通常采用大量廉价的商业服务器，这也大大降低了用户开销。腾讯云数据库官方公布的资料显示，当实现类似的数据库性能时，如果采用自己投资自建 MySQL 的方式，则单价为每台每天 50.6 元，实现双机容灾需要 2 台，即 101.2 元/天，平均存储成本是 0.25 元/（GB·天），平均 1 元可获得的 QPS（Query Per Second）为 24 次/秒；而如果采用腾讯云数据库产品，企业不需要投入任何初期建设成本，成本仅为 72 元/天，平均存储成本为 0.18 元/（GB·天），平均 1 元可获得的 QPS 为 83 次/秒，相对于自建，云数据库平均 1 元获得的 QPS 提高为原来的 346%，具有极高的性价比。

7. 云数据库具有安全性

提供数据隔离，不同应用的数据会存在于不同的数据库中而不会相互影响；提供安全性检查，可以及时发现并拒绝恶意攻击性访问；数据提供多点备份，确保不会发生数据丢失。以腾讯云数据库为例，开发者可快速在腾讯云中申请云服务器实例资源，通过 IP/POR-T 直接访问 MySQL 实例，完全无须再安装 MySQL 实例，可以一键迁移原有 SQL 应用到腾讯云平台，大大节省了人力成本；同时，该云数据库完全兼容 MySQL 协议，可通过基于 MySQL 协议的客户端或 API 便捷地访问实例。此外，还采用了大型分布式存储服务集群，支撑海量数据访问，7×24h 的专业存储服务，可以提供高达 99.99% 服务可用性

的 MySQL 集群服务,并且数据可靠性超过 99.999%。腾讯云数据库和
自建数据库的比较,见表 4-12。

表 4-12 腾讯云数据库和自建数据库的比较

项目	自建数据库	腾讯云数据库
数据安全性		15 种类型备份数据,保证数据安全
服务可用性		99.99% 高可靠性
数据备份		零花费,系统自动多时间点数据备份
维护成本	开发者自行解决, 成本高昂	零成本,专业团队 7×24h 帮助维护
实例扩容		一键式直接扩容,安全可靠
资源利用率		按需申请,资源利用率高达 99.9%
技术支持		专业团队一对一指导、QQ 远程协助开发者

(四) 云数据库是个性化数据存储需求的理想选择

在大数据时代,每个企业几乎每天都在不断产生大量的数据。企
业类型不同,对于存储的需求也千差万别,而云数据库可以很好地满
足不同企业的个性化存储需求。首先,云数据库可以满足大企业的海
量数据存储需求。云数据库在当前数据爆炸的大数据时代具有广阔的
应用前景。根据 IDC 的研究报告,企业对结构化数据的存储需求每年
会增加 20% 左右,而对非结构化数据的存储需求将会每年增加 60% 左
右。传统的关系数据库难以水平扩展,根本无法存储如此海量的数据。
因此,具有高可扩展性的云数据库就成为企业海量数据存储管理的很
好选择。

其次,云数据库可以满足中小企业的低成本数据存储需求。中小
企业在 IT 基础设施方面的投入比较有限,非常渴望从第三方方便、快
捷、廉价地获得数据库服务。云数据库采用多租户方式同时为多个用
户提供服务,降低了单个用户的使用成本,而且用户使用云数据库服
务通常按需付费,不会浪费资源造成额外支出。因此,云数据库使用
成本很低,对于中小企业而言可以大大降低企业的信息化门槛,让企

业在付出较低成本的同时，获得优质的专业级数据库服务，从而有效提升企业信息化水平。

另外，云数据库可以满足企业动态变化的数据存储需求。企业在不同时期需要存储的数据量是不断变化的，有时增加，有时减少。在小规模应用的情况下，系统负载的变化可以由系统空闲的多余资源来处理，但是在大规模应用的情况下，传统的关系数据库由于其伸缩性较差，不仅无法满足应用需求，而且会给企业带来高昂的存储成本和管理开销。而云数据库的良好伸缩性，可以让企业在需求增加时立即获得数据库能力的提升，在需求减少时立即释放多余的数据库能力，较好地满足企业的动态数据存储需求。

当然，并不是说云数据库可以满足不同类型的个性化存储需求，就意味着企业一定要把数据存放到云数据库中。到底选择自建数据库还是选择云数据库，取决于企业自身的具体需求。对于一些大型企业，目前通常采用自建数据库，一方面是由于企业财力比较雄厚，有内部的 IT 团队负责数据库维护；另一方面数据是现代企业的核心资产，涉及很多高级商业机密，企业出于数据安全考虑，不愿意把内部数据保存在公有云的云数据库中，尽管云数据库供应商也会一直强调数据的安全性，但是这依然不能打消企业的顾虑。对于一些财力有限的中小企业而言，IT 预算比较有限，不可能投入大量资金建设和维护数据库，企业数据并非特别敏感，因此云数据库这种前期零投入、后期免维护的数据库服务，可以很好地满足它们的需求。

（五）云数据库与其他数据库的关系分析

关系数据库采用关系数据模型，NoSQL 数据库采用非关系数据模型，二者都属于不同的数据库技术。从数据模型的角度来说，云数据库并非一种全新的数据库技术，而只是以服务的方式提供数据库功能。云数据库并没有专属于自己的数据模型，云数据库所采用的数据模型可以是关系数据库所使用的关系模型（如微软的 SQL Azure 云数据库、阿里云 RDS 都采用了关系模型），也可以是 NoSQL 数据库所使用的非关系模型（如 Amazon Dynamo 云数据库采用的是"键/值"存储）。

　　同一个公司也可能提供采用不同数据模型的多种云数据库服务，例如百度云数据库提供了 3 种数据库服务，即分布式关系型数据库服务（基于关系数据库 MySQL）、分布式非关系型数据库服务（基于文档数据库 MongoDB）、键/值型非关系型数据库服务（基于键值数据库 Redis）。实际上，许多公司在开发云数据库时，后端数据库都是直接使用现有的各种关系数据库或 NoSQL 数据库产品。比如，腾讯云数据库采用 MySQL 作为后端数据库，微软的 SQL Azure 云数据库采用 SQL Server 作为后端数据库。从市场的整体应用情况来看，由于 NoSQL 应用对开发者要求较高，而 MySQL 拥有成熟的中间件、运维工具，已经形成一个良性的生态圈等，因此从现阶段来看，云数据库的后端数据库主要是以 MySQL 为主、NoSQL 为辅。在云数据库这种 IT 服务模式出现之前，企业要使用数据库，就需要自建关系数据库或 NoSQL 数据库，它们被称为"自建数据库"。云数据库与这些"自建数据库"最本质的区别在于，云数据库是部署在云端的数据库，采用 SaaS 服务模式，用户可以通过网络租赁使用数据库服务，只要有网络的地方都可以使用，不需要前期投入和后期维护，使用价格也比较低廉，云数据库对用户而言是完全透明的，用户根本不知道自己的数据被保存在哪里。云数据库通常采用多租户模式，即多个租户共用一个实例，租户的数据既有隔离又有共享，从而解决了数据存储的问题，同时也降低了用户使用数据库的成本。而自建的关系数据库和 NoSQL 数据库本身都没有采用 SaaS 服务模式，需要用户自己搭建 IT 基础设施和配置数据库，成本相对而言比较昂贵，而且需要自己进行机房维护和数据库故障处理。

二、云数据库系统架构

　　不同的云数据库产品采用的系统架构存在很大差异，下面以阿里集团核心系统数据库团队开发的 UMP（Unified MySQL Platform）系统为例进行分析。

（一）UMP 系统架构认知

　　UMP 系统中的角色包括 Controller 服务器、Proxy 服务器、Agent

服务器、Web 控制台、日志分析服务器、信息统计服务器、愚公系统；依赖的开源组件包括 Mnesia、LVS、RabbitMQ 和 Zookeeper。

1. Controller 服务器

Controller 服务器向 UMP 集群提供各种管理服务，实现集群成员管理、元数据存储、MySQL 实例管理、故障恢复、备份、迁移、扩容等功能。Controller 服务器上运行了一组 Mnesia 分布式数据库服务，其中存储了各种系统元数据，主要包括集群成员、用户的配置和状态信息，以及用户名到后端 MySQL 实例地址的映射关系（或称为"路由表"）等。当其他服务器组件需要获取用户数据时，可以向 Controller 服务器发送请求获取数据。为了避免单点故障，保证系统的高可用性，LIMP 系统中部署了多台 Controller 服务器，然后由 Zookeeper 的分布式锁功能来帮助选出一个"总管"，负责各种系统任务的调度和监控。

2. Proxy 服务器

Proxy 服务器向用户提供访问 MySQL 数据库的服务，它完全实现了 MySQL 协议，用户可以使用已有的 MySQL 客户端连接到 Proxy 服务器，Proxy 服务器通过用户名获取到用户的认证信息、资源配额的限制 [如 QPS、IOPS（I/O Per Second）、最大连接数等]，以及后台 MySQL 实例的地址，然后用户的 SQL 查询请求会被转发到相应的 MySQL 实例上。除了数据路由的基本功能外，Proxy 服务器中还实现了很多重要的功能，主要包括屏蔽 MySQL 实例故障、读写分离、分库分表、资源隔离、记录用户访问日志等。

3. Agent 服务器

Agent 服务器部署在运行 MySQL 进程的机器上，用来管理每台物理机上的 MySQL 实例，执行主从切换、创建、删除、备份、迁移等操作，同时还负责收集和分析 MySQL 进程的统计信息、慢查询日志（Slow Query Log）和 Bin-log。

4. Web 控制台

Web 控制台向用户提供系统管理界面。

5. 日志分析服务器

日志分析服务器存储和分析 Proxy 服务器传入的用户访问日志，

并支持实时查询一段时间内的慢日志和统计报表。

6. 信息统计服务器

信息统计服务器定期将采集到的用户的连接数、QPS 数值以及 MySQL 实例的进程状态用 RRDtool 进行统计，可以在 Web 界面上可视化展示统计结果，也可以把统计结果作为今后实现弹性的资源分配和自动化的 MySQL 实例迁移的依据。

7. 愚公系统

愚公系统是一个全量复制结合 Bin-log 分析进行增量复制的工具，可以实现在不停机的情况下动态扩容、缩容和迁移。

8. Mnesia

Mnesia 是一个分布式数据库管理系统，适合于电信及其他需要持续运行和具备软实时特性的 Erlang 应用，是构建电信应用的控制系统平台——开放式电信平台（Open Telecom Platform，OTP）的一部分。Erlang 是一个结构化、动态类型编程语言，内建并行计算支持，非常适合于构建分布式、软实时并行计算系统。使用 Erlang 编写出的应用，在运行时通常由成千上万个轻量级进程组成，并通过消息传递相互通信，Erlang 的进程间上下文切换要比 C 程序高效得多。Mnesia 与 Erlang 编程语言是紧耦合的，其最大的好处是在操作数据时，不会发生由于数据库与编程语言所用的数据格式不同而带来阻抗失配问题。Mnesia 支持事务，支持透明的数据分片，利用两阶段锁实现分布式事务，可以线性扩展到至少 50 个节点。Mnesia 的数据库模式（schema）可在运行时动态重配置，表能被迁移或复制到多个节点来改进容错性。Mnesia 的这些特性，使其在开发云数据库时被用来提供分布式数据库服务。

9. LVS

LVS（Linux Virtual Server）即 Linux 虚拟服务器，是一个虚拟的服务器集群系统。LVS 集群采用 IP 负载均衡技术和基于内容请求分发技术。调度器是 LVS 集群系统的唯一入口点，调度器具有很好的吞吐率，将请求均衡地转移到不同的服务器上执行，且调度器自动屏蔽掉服务器的故障，从而将一组服务器构成一个高性能的、高可用的虚拟服务器。整个服务器集群的结构对客户是透明的，而且无须修改客户端和服务器端的程序。UMP 系统借助于 LVS 来实现集群内部的负载均衡。

10. RabbitMQ

RabbitMQ 是一个用 Erlang 开发的工业级的消息队列产品（功能类似于 IBM 公司的消息队列产品 IBM WEBSPHERE MQ），作为消息传输中间件来使用，可以实现可靠的消息传送。UMP 集群中各个节点之间的通信，不需要建立专门的连接，都是通过读写队列消息来实现的。

11. Zookeeper

Zookeeper 是高效和可靠的协同工作系统，提供分布式锁之类的基本服务（如统一命名服务、状态同步服务、集群管理、分布式应用配置项的管理等），用于构建分布式应用，减轻分布式应用程序所承担的协调任务（关于 Zookeeper 的工作原理可以参考相关书籍或网络资料）。在 UMP 系统中，Zookeeper 主要发挥 3 个作用。

（1）提供分布式锁。UMP 集群中部署了多个 Controller 服务器，为了保证系统的正确运行，对于有些操作，在某一时刻，只能由一个服务器去执行，而不能同时执行。例如，一个 MySQL 实例发生故障后，需要进行主备切换，由另一个正常的服务器来代替当前发生故障的服务器，如果这个时候所有的 Controller 服务器都去跟踪处理并且发起主备切换流程，那么，整个系统就会进入混乱状态。因此，在同一时间，必须从集群的多个 Controller 服务器中选举出一个"总管"，由这个"总管"负责发起各种系统任务。Zookeeper 的分布式锁功能能够帮助选出一个"总管"，让这个"总管"来管理集群。

（2）作为全局的配置服务器。UMP 系统需要多台服务器运行，它们运行的应用系统的某些配置项是相同的，如果要修改这些相同的配置项，就必须同时到多个服务器上去修改，这样做不仅麻烦，而且容易出错。因此，UMP 系统把这类配置信息完全交给 Zookeeper 来管理，把配置信息保存在 Zookeeper 的某个目录节点中，然后将所有需要修改的服务器对这个目录节点设置监听，也就是监控配置信息的状态，一旦配置信息发生变化，每台服务器就会收到 Zookeeper 的通知，然后从

Zookeeper 获取新的配置信息。

（3）监控所有 MySQL 实例。集群中运行 MySQL 实例的服务器发生故障时，必须及时被监听到，然后使用其他正常服务器来替代故障服务器。UMP 系统借助于 Zookeeper 实现对所有 MySQL 实例的监控。每个 MySQL 实例在启动时都会在 Zookeeper 上创建一个临时类型的目录节点，当某个 MySQL 实例挂掉时，这个临时类型的目录节点也随之被删除，后台监听进程可以捕获到这种变化，从而知道这个 MySQL 实例不再可用。

（二）UMP 系统功能解读

UMP 系统是构建在一个大的集群之上的，通过多个组件的协同作业，整个系统实现了对用户透明的容灾、读写分离、分库分表、资源管理、资源调度、资源隔离和数据安全功能。

1. UMP 系统的容灾功能

云数据库必须向用户提供一直可用的数据库连接，当 MySQL 实例发生故障时，系统必须自动执行故障恢复，所有故障处理过程对于用户而言是透明的，用户不会感知到后台发生的一切。

为了实现容灾，UMP 系统会为每个用户创建两个 MySQL 实例，一个是主库，一个是从库，而且这两个 MySQL 实例之间互相把对方设置为备份机，任意一个 MySQL 实例上面发生的更新都会复制到对方。同时，Proxy 服务器可以保证只向主库写入数据。

主库和从库的状态是由 Zookeeper 负责维护的，Zookeeper 可以实时监听各个 MySQL 实例的状态，一旦主库宕机，Zookeeper 可以立即感知到，并通知给 Controller 服务器。Controller 服务器会启动主从切换操作，在路由表中修改用户名到后端 MySQL 实例地址的映射关系，并把主库标记为不可用，同时，借助于消息队列中间件 RabbitMQ 通知所有 Proxy 服务器修改用户名到后端 MySQL 实例地址的映射关系。通过这一系列操作后，主从切换完成，用户名就会被赋予一个新的可以正常使用的 MySQL 实例，而这一切对于用户自己而言是完全透明的。

宕机后的主库在进行恢复处理后需要再次上线。在主库宕机和故障恢复期间，从库可能已经发生过多次更新。因此，在主库恢复时，会把从库中的这些更新都复制给自己，当主库的数据库状态快要达到和从库一致的状态时，Controller 服务器就会命令从库停止更新，进入不可写状态，禁止用户写入数据，这个时候用户可能感受到短时间的不可写。等到主库更新到和从库完全一致的状态时，Controller 服务器就会发起主从切换操作，并在路由表中把主库标记为可用状态，然后通知 Proxy 服务器把写操作切回主库上，用户写操作可以继续执行，之后再把从库修改为可写状态。

2. UMP 系统的读写分离功能

由于每个用户都有两个 MySQL 实例，即主库和从库，因此可以充分利用主从库实现用户读写操作的分离，实现负载均衡。UMP 系统实现了对于用户透明的读写分离功能，当整个功能被开启时，负责向用户提供访问 MySQL 数据库服务的 Proxy 服务器，就会对用户发起的 SQL 语句进行解析，如果属于写操作，就直接发送到主库，如果是读操作，就会被均衡地发送到主库和从库上执行。但是，有可能发生一种情况，那就是，用户刚刚写入数据到主库，数据还没有被复制到从库之前，用户就去从库读这个数据，导致用户要么读不到数据，要么读到数据的旧版本。为了避免这种情况的发生，UMP 系统在每次用户写操作发生后都会开启一个计时器，如果用户在计时器开启的 300ms 内读数据，不管是读刚写入的这些数据还是其他数据，都会被强行分发到主库上去执行读操作。当然，在实际应用中，UMP 系统允许修改 300ms 这个设定值，但是一般而言，300ms 已经可以保证数据在写入主库后被复制到从库中。

3. UMP 系统的分库分表功能

UMP 支持对用户透明的分库分表（Shard/Horizontal Partition），但是用户在创建账号的时候需要指定类型为多实例，并且设置实例的个数，系统会根据用户设置来创建多组 MySQL 实例。除此以外，用户还需要自己设定分库分表规则，如需要确定分区字段，也就是根据哪个字段进行分库分表，还要确定分区字段里的值如何映射到不同的 MySQL 实例上。

当采用分库分表时，系统处理用户查询的过程如下：首先，Proxy服务器解析用户 SQL 语句，提取出重写和分发 SQL 语句所需要的信息；其次，对 SQL 语句进行重写，得到多个针对相应 MySQL 实例的子语句，然后把子语句分发到对应的 MySQL 实例上执行；最后，接收来自各个 MySQL 实例的 SQL 语句执行结果，合并得到最终结果。

4. UMP 系统的资源管理功能

UMP 系统采用资源池机制来管理数据库服务器上的 CPU、内存、磁盘等计算资源，所有的计算资源都放在资源池内进行统一分配，资源池是为 MySQL 实例分配资源的基本单位。整个集群中的所有服务器会根据其机型、所在机房等因素被划分为多个资源池，每台服务器会被加入相应的资源池。对于每个具体 MySQL 实例，管理员会根据应用部署在哪些机房、需要哪些计算资源等因素，为该 MySQL 实例具体指定主库和从库所在的资源池，然后系统的实例管理服务会本着负载均衡的原则，从资源池中选择负载较轻的服务器来创建 MySQL 实例。在资源池划分的基础上，UMP 还在每台服务器内部采用 Cgroup 将资源进一步地细化，从而可以限制每个进程组使用资源的上限，同时保证进程组之间相互隔离。

5. UMP 系统的资源调度功能

UMP 系统中有 3 种规格的用户，分别是数据量和流量比较小的用户、中等规模用户以及需要分库分表的用户。多个小规模用户可以共享同一个 MySQL 实例。对于中等规模的用户，每个用户独占一个 MySQL 实例。用户可以根据自己的需求来调整内存空间和磁盘空间，如果用户需要更多的资源，就可以迁移到资源有空闲或者具有更高配置的服务器上。对于分库分表的用户，会占有多个独立的 MySQL 实例，这些实例既可以共存在同一台物理机上，也可以每个实例独占一台物理机。UMP 通过 MySQL 实例的迁移来实现资源调度。借助于阿里集团中间件团队开发的愚公系统，UMP 可以实现在不停机的情况下动态扩容、缩容和迁移。

6. UMP 系统的资源隔离功能

当多个用户共享同一个 MySQL 实例或者多个 MySQL 实例共存在

同一个物理机上时，为了保护用户应用和数据的安全，必须实现资源隔离，否则，某个用户过多消耗系统资源会严重影响到其他用户的操作性能。

7. UMP 系统的数据安全功能

数据安全是让用户放心使用云数据库产品的关键，尤其是企业用户，数据库中存放了很多业务数据，有些属于商业机密，一旦泄露，会给企业造成损失。LIMP 系统设计了多种机制来保证数据安全。

（1）SSL 数据库连接。SSL（Secure Sockets Layer）是为网络通信提供安全及数据完整性的一种安全协议，它在传输层对网络连接进行加密。Proxy 服务器实现了完整的 MySQL 客户端/服务器协议，可以与客户端之间建立 SSL 数据库连接。

（2）数据访问 IP 白名单。可以把允许访问云数据库的 IP 地址放入白名单，只有白名单内的 IP 地址才能访问，其他 IP 地址的访问都会被拒绝，从而进一步保证账户安全。

（3）记录用户操作日志。用户的所有操作记录都会被记录到日志分析服务器，通过检查用户操作记录，可以发现隐藏的安全漏洞。

（4）SQL 拦截。Proxy 服务器可以根据要求拦截多种类型的 SQL 语句，比如全表扫描语句 "select *"。

第五章　数据挖掘基础理论研究

大数据是新时代的黄金和石油，掌握了它，就掌握了新的经济命脉；用好了它，就拥有了新型战略资源。无论怎么说，大数据时代真的且行且近了。那么究竟什么是大数据？大数据对人们有怎样的影响？应该如何面对大数据时代的挑战？

第一节　大数据与数据挖掘

一、认识大数据

大数据又称海量数据，指的是以不同形式存在于数据库、网络等媒介上蕴含丰富信息的规模巨大的数据。大数据同过去的海量数据有所区别，其基本特征可以用4个V来总结，具体含义为：

（1）Volume，数据体量巨大，可以是 TB 级别，也可以是 PB 级别。

（2）Variety，数据类型繁多，如网络日志、视频、图片、地理位置信息等。物联网、云计算、移动互联网、车联网、手机、平板电脑、PC 以及遍布地球各个角落的各种各样的传感器，无一不是数据来源或者承载的方式。

（3）Value，价值密度低。以视频为例，连续不间断监控过程中，可能有用的数据仅仅有一两秒。

（4）Velocity，处理速度快。这一点与传统的数据挖掘技术有着本质的不同。

简而言之，大数据的特点是体量大、多样性、价值密度低、速度快。

二、认识大数据的价值

大数据的价值，有的时候很容易通过简单的信息检索，或简单的统计分析得到。但很多情况下，很难直接获取数据的价值，需要通过更复杂的方法去获取数据中隐含的模式和规则，以利用这些规则或模式去指导和预测未来。换句话说，就是要向数据学习社会生活中的规则。就像电影《超能查派》中的那个机器人一样，通过向数据进行学习，几天之内就学会了超人的技能，而这些技能就是大数据中蕴藏的。

无论是广告帮事还是电影《超能查派》，都揭示了大数据的价值。而这种价值不同于物质性的东西，大数据的价值不会随着它的使用而减少，而是可以不断地被处理。

大数据的价值并不仅仅限于特定的用途，它可以为了同一目的而被多次使用，亦可用于其他目的。最终，大数据的价值是其所有可能用途的总和。知名 IT 评论人谢文表示，"大数据将逐渐成为现代社会基础设施的一部分，就像公路、铁路、港口、水电和通信网络一样不可或缺。但就其价值特性而言，大数据却和这些物理化的基础设施不同，不会因为使用而折旧和贬值。例如，一组 DNA 可能会死亡或毁灭，但大数据的 DNA 却会永存"。

大数据研发的目的是利用大数据技术去发现大数据的价值并将其应用到相关领域，通过解决大数据的处理问题促进社会的发展。从大数据中发现价值的一系列技术可以称为数据挖掘。

三、认识大数据与数据挖掘的关系

时下，大数据这个概念很火，数据挖掘这个技术也很热，大数据与数据挖掘到底有怎样的关系呢？一般的认识是这样的，大数据只是个概念，围绕这个概念，有两大技术分支（表 5-1），一个分支是关于大数据存储的，涉及关系数据库、云存储和分布式存储；另一个分支是关于大数据应用的，涉及数据管理、统计分析、数据挖掘、并行计算、分布式计算等内容。

表 5-1　大数据的两大技术分支

大数据	
大数据的存储	大数据的应用
·关系数据库 ·云存储 ·分布式存储	·数据管理 ·统计分析 ·数据挖掘 ·并行计算 ·分布式计算

　　这两个分支有着紧密的联系，人们关注的往往是大数据的应用，因为这个部分能够直接产生大数据的效益，体现大数据的价值。但是大数据的存储却是基础，没有存储的大数据，大数据的应用只能是空中楼阁。当然现在大数据的存储，主要涉及硬件、数据库、数据仓库等技术。而对于大数据的应用，涉及的不仅是各层面的技术，还有商业目的、业务逻辑等内容，相对来说比较复杂。所以通常关注的还是大数据的应用这个分支，而在这个分支里，数据挖掘尤为重要。因为数据管理相对基础、常规，统计分析也比较常规，能够解决一些浅层次的数据分析问题；并行计算和分布式计算主要解决数据处理的量和速度问题，是锦上添花的技术；数据挖掘则针对一些复杂的大数据应用问题。同时，数据挖掘基本也包含了数据管理、统计分析，也可利用到并行计算和分布式计算。可以说，数据挖掘是数据分析的高级阶段，在国外，现在流行的说法是数据分析学（Data Analytic），包含了数据的统计分析和数据挖掘的内容。

　　为了能更直观地理解大数据与数据挖掘的关系，现在以数据挖掘与煤矿挖掘进行对比。开采煤的前提是有煤矿，包括煤矿的储藏量、储藏深度、煤的成色等；之后是挖矿，要把这些埋在地下的矿挖出来，需要挖矿工、挖矿机、运输机；再之后是加工、洗煤、精炼，等等；最后才得到价值相对较高的电煤、精煤等产品。数据挖掘也十分类似：挖掘数据的前提是有数据，包括数据的储藏量、储藏深度、数据的成色（质量）；之后是数据挖掘，要把这些埋藏在数据中的信息挖掘出来；再之后是将数据挖掘的结果发布出去，用于指导商业实践。直到这一步，才创造了价值。而所谓的大数据，就是现在正在形成的巨型矿山。如果想了解大数据，那么踏踏实实的做法是学习数据挖掘相关的知识和技术。

第二节 数据挖掘的概念和原理

一、认识数据挖掘

数据挖掘（Data Mining），也叫数据开采、数据采掘等，就是从大量的、不完全的、有噪声的、模糊的、随机的实际应用数据中，提取隐含在其中的、人们事先不知道的，但又是潜在有用的信息和知识的过程。与传统的数据分析相较，数据挖掘技术具有以下几个特点。

（1）处理的数据规模十分庞大，达到 GB、TB 数量级，甚至更大。

（2）数据挖掘中，规则的发现基于统计规律。因此，所发现的规则不必适用于所有数据，而是当达到某一临界值时，即认为有效。因此，利用数据挖掘技术可能会发现大量的规则。

（3）在一些应用（如商业投资等）中，由于数据变化迅速，因此要求数据挖掘能快速做出相应反应以随时提供决策支持。

（4）查询一般是决策制定者（用户）提出的即时随机查询，往往不能形成精确的查询要求，需要靠系统本身寻找其可能感兴趣的东西。

（5）数据挖掘所发现的规则是动态的，它只反映了当前状态的数据库具有的规则，随着不断地向数据库中加入新数据，需要随时对其进行更新。

二、数据挖掘的原理解读

数据本来只是数据，直观上并没有表现出任何有价值的知识。当用数据挖掘方法，从数据中挖掘出知识后，还需要判断这种知识是否值得信赖。为了说明这种知识是可信的，首先应立足于数据挖掘的原理。

　　数据挖掘其实质是综合应用各种技术，对于业务相关的数据进行一系列科学的处理，这个过程中需要用到数据库、统计学、应用数学、机器学习、可视化、信息科学、程序开发以及其他学科。其核心是利用算法对处理好的输入和输出数据进行训练，并得到模型，然后再对模型进行验证，使得模型能够在一定程度上刻画出数据由输入到输出的关系，然后再利用该模型，对新输入的数据进行计算，从而得到新的输出，这个输出然后就可以进行解释和应用了。所以这种模型虽然不容易解释或很难看到，但它是基于大量数据训练并经过验证的，因此能够反映输入数据和输出数据之间的大致关系，这种关系（模型）就是数据挖掘技术人员需要的知识。可以说，这就是数据挖掘的原理，从中可以看出，数据挖掘是有一定科学依据的，这样挖掘的结果也是值得信任的。

三、大数据挖掘的要点解读

　　虽然大数据挖掘与一般的数据挖掘在挖掘过程、算法等方面差异不大，但由于大数据在广度和量度上的特殊性，对大数据的挖掘在实现上也会有些不同。要做好大数据的挖掘，除了掌握一般的数据挖掘方法，另外还要把握以下几个大数据挖掘的要点。

（一）大数据的收集与集成

　　大数据是客观存在的，但必须要对其进行控制和操作后才会进行更有意义的挖掘，而操作大数据的第一步就是大数据的收集和集成。

　　大数据挖掘在收集数据方面的要点就是厘清和挖掘与目标可能有关联的数据，然后将这些关联数据收集起来。在当前，两个技术使得大数据的收集开始变得容易：一是各种传感器的廉价化和部署覆盖率的大大提高；二是互联网，随着互联网技术的大发展，能够接入互联网的终端越来越便宜，在人群中的覆盖率不断提高，以致于人们拥有了一个可以覆盖大部分人口的传感器网络。而集成数据就是将收集的数据统一管理起来，将分散的数据更趋于集中管理，集成的程度越高，对后续的挖掘越有利。另外，数据是否适合高度的集成也取决于数据的存在形式。比如，如果都是数据形式的数据就很好集成，但若有的数据是视频、图片或其他形式的数据，就不方便进行集成。集成的要点就是在不破坏数据信息含量的情况下，越集中越好。

（二）大数据的降维

大数据的一个特点是量可能很大，这样就可能超过计算机的处理能力，所以在对数据进行处理后，通常要考虑将数据进行降维，从而缩减数据量。大数据降维的要点是根据数据挖掘的目标、数据量、计算机的处理能力、对时间的要求等多方面的因素，对数据进行分级降维，首先是通过抽样的方式对数据进行降维，第二层次是抽取有用的变量，第三层次根据经典的降维方法，如 PCA 等，进行数据的变形降维。这是一种分级形式的逐层降维方式。

另外一种降维方式是分散的降维方式，就是将大数据需要映射为小的单元进行计算，再对所有的结果进行整合，就是所谓的 map-reduce 算法框架。在单个计算机上进行的计算仍然需要采用一些数据挖掘技术，区别是原先的一些数据挖掘技术不一定能方便地嵌入到 map-reduce 框架中，有些算法需要调整。

采用哪种方式，关键是看数据适合哪种方式。

（三）大数据的分布式与并行处理

如果数据经降维后依然很大，或者有些数据就是比较大，不适合降维，比如遥感的图像可能超过计算机的内存，再或者对响应时间要求比较高，那么此时对数据进行处理就要考虑分布式和并行计算了。

并行计算或称平行计算是相对于串行计算来说的。所谓并行计算可分为时间上的并行和空间上的并行。时间上的并行就是指流水线技术，而空间上的并行则是指用多个处理器并发的执行计算。并行计算（Parallel Computing）是指同时使用多种计算资源解决计算问题的过程。为执行并行计算，计算资源应包括一台配有多处理机（并行处理）的计算机、一个与网络相连的计算机专有编号，或者两者结合使用。并行计算的主要目的是快速解决大型且复杂的计算问题。

分布式计算是一门计算机科学，它研究如何把一个需要非常巨大的计算能力才能解决的问题分成许多小的部分，然后把这些部分分配给许多计算机进行处理，最后把这些计算结果综合起来得到最终的结果。分布式计算和集中式计算是相对的。随着计算技术的发展，有些应用需要非常巨大的计算能力才能完成，如果采用集中式计算，需要耗费相当长的时间来完成。分布式计算将该应用分解成许多小的部分，分配给多台计算机进行处理。这样可以节约整体计算时间，大大提高计算效率。

（四）大数据思维

大数据思维的核心是要具有利用数据的意识，无论量小还是量大。当处理的业务中涉及数据，尤其是有大量数据时，要想到是否可以利用这些数据处理碰到的新问题，这就是大数据思维。大数据思维也同时要求思维是开放的、包容的。在数据分享、信息公开的同时，也在释放善意，取得互信，在数据交换的基础上产生合作，这将打破传统封闭与垄断，形成开放、共享、合作思维。创造性思维是大数据思维方式的特性之一，通过对数据的重组、扩展和再利用，突破原有的框架，开拓新领域、确立新决策，发现隐藏在表面之下的数据价值，数据也创造性地成为可重复使用的"再生性"资源。

第三节　数据挖掘的内容

数据挖掘包括的内容较多，从广义上来讲，只要可以从数据中挖掘出来的有用的知识都可以算作数据挖掘的内容。对学术研究和产业应用的数据挖掘内容进行归纳，就会发现数据挖掘的内容总是集中在关联、回归、分类、聚类、预测、诊断6个方面。

一、关联

若两个或多个变量的取值之间存在某种规律性，就称为关联。关联可分为简单关联、时序关联、因果关联。关联分析的目的是找出数据之间隐藏的关联网。有时并不知道数据库中数据的关联关系，即使知道也是不确定的，因此关联分析生成的规则带有可信度，通过可信度来描述这种关系的确定程度。

关联规则挖掘就是要发现数据中项集之间存在的关联关系或相关联系。按照不同情况，关联规则挖掘可以分为以下几种情况。

（1）基于规则中处理的变量的类别，关联规则可以分为布尔型和数值型。布尔型关联规则处理的值都是离散的、种类化的，它显示了这些变量之间的关系；而数值型关联规则可以和多维关联或多层关联规则结合起来，对数值型字段进行处理，将其进行动态的分割，或者直接对原始的数据进行处理，当然数值型关联规则中也可以包含种类变量。例如：性别＝"女"＝＞职业＝"秘书"，是布尔型关联规则；性别＝"女"＝＞avg（收入）＝2300，涉及的收入是数值类型，所以是一个数值型关联规则。

（2）基于规则中数据的抽象层次，可以分为单层关联规则和多层关联规则。在单层的关联规则中，所有的变量都没有考虑到现实的数据是具有多个不同的层次的；而在多层的关联规则中，对数据的多层性已经进行了充分的考虑。例如：IBM 台式机＝＞Sony 打印机，是一个细节数据上的单层关联规则；台式机＝＞Sony 打印机，是一个较高层次和细节层次之间的多层关联规则。

（3）基于规则中涉及的数据的维数，关联规则可以分为单维的和多维的。在单维的关联规则中，只涉及数据的一个维，如用户购买的物品；而在多维的关联规则中，要处理的数据将会涉及多个维。换言之，单维关联规则是处理单个属性中的一些关系；多维关联规则是处理各个属性之间的某些关系。例如：啤酒＝＞尿布，这条规则只涉及用户购买的物品；性别＝"女"＝＞职业＝"秘书"，这条规则就涉及两个字段的信息，是两个维上的一条关联规则。

具体事物之间的关联关系，需要用到具体的关联技术，也就是通常说的算法。

二、回归

回归（Regression）是确定两种或两种以上变数间相互定量关系的一种统计分析方法。回归是数据挖掘中最为基础的方法，也是应用领域和应用场景最多的方法，只要是量化型问题，一般都会先尝试用回归方法来研究或分析。比如要研究某地区钢材消费量与国民收入的关系，那么就可以直接用这两个变量的数据进行回归，然后看看它们之间的关系是否符合某种形式的回归关系，如图5-1所示。

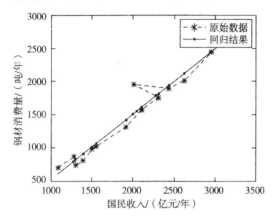

图5-1　回归方法得到的钢材消费量与国民收入的关系

根据回归方法中因变量的个数和回归函数的类型（线性或非线性）可将回归方法分为以下几种：一元线性、一元非线性、多元线性、多元非线性。另外还有两种特殊的回归方式：一种是在回归过程中可以调整变量数的回归方法，称为逐步回归；另一种是以指数结构函数作为回归模型的回归方法，称为Logistic回归，这些方法的关系如图5-2所示。

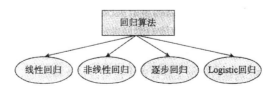

图5-2　回归方法结构

三、分类

分类是一个常见的问题，在日常生活中就会经常遇到分类的问题，比如垃圾分类如图5-3所示。

图5-3　分类示意

在数据挖掘中，分类也是最为常见的问题，其典型的应用就是根据事物在数据层面表现的特征，对事物进行科学的分类。对于分类问题，人们已经研究并总结出了很多有效的方法，比如决策树方法（经典的决策树算法主要包括ID3算法、C4.5算法和CART算法等）、神经网络方法、贝叶斯分类、K-近邻算法、判别分析、支持向量机等分类方法。不同的分类方法有不同的特点，这些分类方法在很多领域都得到了成功的应用。

四、聚类

聚类分析（Cluster Analysis）又称群分析，是根据"物以类聚"的道理，对样品进行分类的一种多元统计分析方法。聚类是将数据分类到不同的类或者簇的一个过程，所以同一个簇中的对象有很大的相似性，而不同簇间的对象有很大的相异性。更直接地说，聚类是看样品大致分成几类，然后再对样品进行分类，也就是说，聚类是为了更合理地分类。比如，在图5-4中，通过聚类发现这些点大致分成3类，那么对于新的数据，就可以按照3类的标准进行归类。

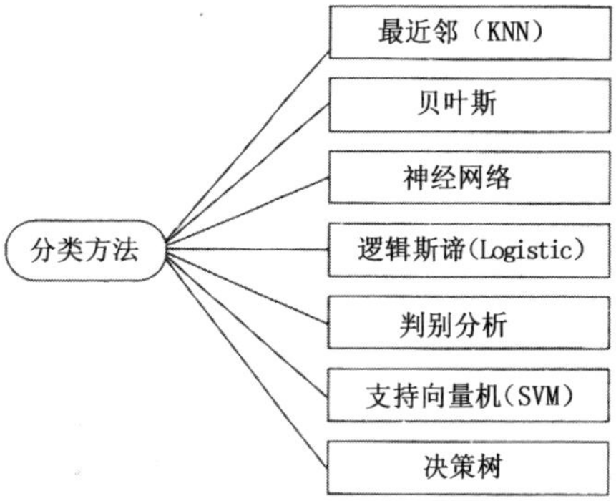

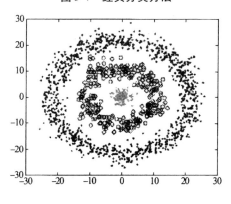

图 5-4　经典分类方法

图 5-5　聚类示意

聚类问题的研究已经有很长的历史。迄今为止，为了解决各领域的聚类应用，已经提出的聚类算法有近百种。根据聚类原理，可将聚类算法分为以下几种：划分聚类、层次聚类、基于密度的聚类、基于网格的聚类和基于模型的聚类。虽然聚类的方法很多，在实践中用得比较多的还是 K-means、层次聚类、神经网络聚类、模糊 C-均值聚类、高斯聚类等常用的方法。

五、预测

预测（Forecasting）是预计未来事件的一门科学，它包含采集历史数据并用某种数学模型来预测未来，它也可以是对未来的主观或直觉的预期，还可以是上述的综合。在数据挖掘中，预计是基于既有的数据进行的，即以现有的数据为基础，对未来的数据进行预测，如图5-6 所示。

预测的重要意义就在于它能够在自觉地认识客观规律的基础上，借助大量的信息资料和现代化的计算手段，比较准确地揭示出客观事物运行中的本质联系及发展趋势，预见到可能出现的种种情况，勾画出未来事物发展的基本轮廓，提出各种可以互相替代的发展方案，这样就使人们具有了战略眼光，使得决策有了充分的科学依据。

预测方法有许多，可以分为定性预测方法和定量预测方法，如图5-7 所示。从数据挖掘角度，使用的方法显然是属于定量预测方法。定量预测方法又分为时间序列分析和因果关系分析两类方法。

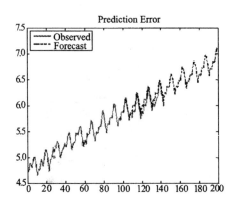

图 5-6　时间序列预测示意

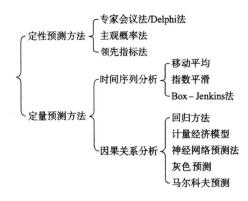

图 5-7　预测方法分类

六、诊断

在数据挖掘中，诊断的对象是离群点或称为孤立点。离群点是不符合一般数据模型的点，它们与数据的其他部分不同或不一致，如图5-8 中的 Cluster 3，只有一个点，可以认为是这群数据的离群点。

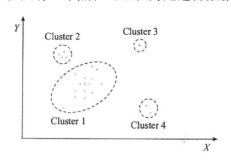

图 5-8　离群点示意

离群点可能是度量或执行错误所导致的，例如，一个人的年龄为-999 可能是由于对年龄的缺省设置所产生的；离群点也可能是固有数据可变性的结果，例如，一个公司的首席执行官的工资远远高于公司其他雇员的工资，成为一个离群点。

许多数据挖掘算法试图使离群点的影响最小化，或者排除它们。但是由于一个人的"噪声"可能是另一个人的信号，这可能导致重要的隐藏信息丢失。换句话说，离群点本身可能是非常重要的，例如在欺诈探测中，离群点可能预示着欺诈行为。

这样，离群点探测和分析是一个有趣的数据挖掘任务，被称为离群点挖掘或离群点诊断，简称诊断。

离群点诊断有着广泛的应用。像上面所提到的，它能用于欺诈监测，例如探测不寻常的信用卡使用或电信服务。此外，它在市场分析中可用于确定极低或极高收入的客户的消费行为，或者在医疗分析中用于发现对多种治疗方式的不寻常的反应。

目前，人们已经提出了大量关于离群点诊断的算法。这些算法大致上可以分为以下几类：基于统计学或模型的方法、基于距离或邻近度的方法、基于偏差的方法、基于密度的方法和基于聚类的方法，这些方法一般称为经典的离群点诊断方法。

近年来，有不少学者从关联规则、模糊集和人工智能等其他方面出发提出了一些新的离群点诊断算法，比较典型的有基于关联的方法、基于模糊集的方法、基于人工神经网络的方法、基于遗传算法或克隆选择的方法等。

第四节　数据挖掘与相关领域的关系

数据挖掘的应用十分广泛，各个领域的应用既有相同之处，又有各自不同的独特之处。下面将简要分析数据挖掘在以下几个不同行业的应用。

一、数据挖掘与公共事业的关系

对于政府部门来说，大数据将提升电子政务和政府社会治理的效率。大数据的包容性将打开政府各部门间、政府与市民间的边界，信息孤岛现象大幅削减，数据共享成为可能，政府各机构协同办公效率和为民办事效率提高，同时大数据将极大地提升政府社会治理能力和公共服务能力。对于大数据产业本身来说，政府及公共服务的广泛应用，也使其得到资金及应用支持，从而在技术和应用领域上得到及时地更新与反馈，促使其更迅猛地发展。近年来，包括医疗、教育、政务数据存储、防灾等方面的应用尤其突出。

利用大数据整合信息，将工商、国税、地税、质监等部门所收集的企业基础信息进行共享和比对，通过分析，可以发现监管漏洞，提高执法水平，达到促进财税增收、提高市场监管水平的目的。建设大数据中心，加强政务数据的获取、组织、分析、决策，通过云计算技术实现大数据对政务信息资源的统一管理，依据法律法规和各部门的需求进行政务资源的开发和利用，可以提高设备资源利用率、避免重复建设、降低维护成本。

大数据也将进一步提高决策的效率，提高政府决策的科学性和精准性，提高政府预测预警能力以及应急响应能力，节约决策的成本。

以财政部门为例，基于云计算、大数据技术，财政部门可以按需掌握各个部门的数据，并对数据进行分析，作出的决策可以更准确、更高效。另外，也可以依据数据推动财政创新，使财政工作更有效率、更加开放、更加透明。2008 年，法国总统萨科齐组建了一个专家组，成员包括诺贝尔经济学奖获得者约瑟夫·斯蒂格利茨和阿玛蒂亚·森在内的 20 多名世界知名专家，进行了一项名为"幸福与测度经济进步"的研究。该研究将国民主观幸福感纳入了衡量经济表现的指标，以主观幸福度、生活质量及收入分配等指标来衡量经济发展。

二、数据挖掘与银行业的关系

银行信息化的迅速发展，产生了大量的业务数据。从海量数据中提取出有价值的信息，为银行的商业决策服务，是数据挖掘的重要应用领域。汇丰、花旗和瑞士银行是数据挖掘技术应用的先行者。如今，数据挖掘已在银行业有了广泛深入的应用。

数据挖掘在银行业的重要应用之一是风险管理，如信用风险评估。可通过构建信用评级模型，评估贷款申请人或信用卡申请人的风险。对于银行账户的信用评估，可采用直观量化的评分技术。以信用评分为例，通过由数据挖掘模型确定的权重，来给每项申请的各指标打分，加总得到该申请人的信用评分情况。银行根据信用评分来决定是否接受申请，确定信用额度。通过数据挖掘，还可以侦查异常的信用卡使用情况，确定极端客户的消费行为。通过建立信用欺诈模型，帮助银行发现具有潜在欺诈性的事件，开展欺诈侦查分析，预防和控制资金非法流失。

数据挖掘在风险管理中的一个优势是可以获得传统渠道很难收集的信息。在这方面，阿里金融就是一个典型的案例。阿里金融利用阿里巴巴 B2B、淘宝、支付宝等电子商务平台上客户积累的信用数据及行为数据，引入网络数据模型和在线视频资信调查模式，通过交叉检验技术辅以第三方验证确认客户信息的真实性，向这些通常无法在传统金融渠道获得贷款的弱势群体批量发放"金额小、期限短、随借随还"的小额贷款。重视数据，而不是依赖担保或者抵押的模式，使阿里金融获得了向银行发起强有力挑战的核心竞争力。

数据挖掘在银行业的另一个重要应用就是客户管理。在银行客户管理生命周期的各个阶段，都会用到数据挖掘技术。

在获取客户阶段，通过探索性的数据挖掘方法，如自动探测聚类和购物篮分析，可以用来找出客户数据库中的特征，预测对于银行营销活动的响应率。可以把客户进行聚类分析，让其自然分群，通过对客户的服务收入、风险、成本等相关因素的分析、预测和优化，找到新的可盈利目标客户。

在保留客户阶段，通过数据挖掘，发现流失客户的特征后，银行可以在具有相似特征的客户未流失之前，采取额外增值服务、特殊待遇和激励忠诚度等措施保留客户。通过数据挖掘技术，可以预测哪些客户将停止使用银行的信用卡，而转用竞争对手的卡。银行可以采取措施来保持这些客户的信任。数据挖掘技术可以识别导致客户转移的关联因子，用模式找出当前客户中相似的可能转移者，通过孤立点分析法可以发现客户的异常行为，从而使银行避免不必要的客户流失。数据挖掘工具，还可以对大量的客户资料进行分析，建立数据模型，确定客户的交易习惯、交易额度和交易频率，分析客户对某个产品的忠诚程度、持久性等，从而为他们提供个性化定制服务，以提高客户忠诚度。

另外，银行还可以借助数据挖掘技术优化客户服务。如通过分析客户对产品的应用频率、持续性等指标来判别客户的忠诚度，通过交易数据的详细分析来鉴别哪些是银行希望保持的客户。找到重点客户后，银行就能为客户提供有针对性的服务。

三、数据挖掘与零售业的关系

对于零售企业，可以通过广泛收集各渠道、各类型的数据，利用数据挖掘技术整合各类信息、还原客户的真实面貌，可以帮助企业切实掌握客户的真实需求，并根据客户需求快速做出应对，实现"精准营销"和"个性化服务"。

现在已经有了大量成功案例，比如沃尔玛公司充分利用天气数据，研究天气与商品数量增减的关系，根据飓风移动的线路，准确预测哪些地方要增加或减少何种商品，并据此进行仓储部署，确保产品能够及时满足消费者需求。美国某领先的化妆品公司，通过当地的百货商店、网络及其邮购等渠道为客户提供服务。该公司希望向客户提供差异化服务，针对如何定位公司的差异化，它们通过从 Twitter 和 Facebook 收集社交信息，更深入地理解化妆品的营销模式，随后它们认识到必须保留两类有价值的客户：高消费者和高影响者。希望通过接受免费化妆服务，让用户进行口碑宣传，这是交易数据与交互数据的完美结合，为业务挑战提供了解决方案。数据挖掘技术帮助这家化妆品公司用社交平台上的数据充实了客户数据，使其业务服务更具有目标性。

零售企业也可利用数据挖掘监控客户的店内走动情况以及与商品的互动。它们将这些数据与交易记录相结合来展开分析，从而在销售哪些商品、如何摆放货品以及何时调整售价上给出意见，此类方法已经帮助某领先零售企业减少了17%的存货，同时在保持市场份额的前提下，增加了高利润率自有品牌商品的比例。

四、数据挖掘与证券业的关系

大数据理念出现后，对证券业的影响也很大。券商可以利用更多的数据，包括：覆盖各类业务的交易操作行为、个人基本信息、软件使用习惯、自选股、常用分析指标等，甚至建立大数据中心，实现对客户的理财需求挖掘，实施精准营销。也有少数券商与互联网企业合作，在客户服务方面做投资风格分析、策略推荐、风险提醒等。但总的来说，证券业利用数据挖掘技术最集中的两块一块是客户管理，另一块是量化交易。

在交易方面，数据挖掘技术使得量化投资成为现实。例如，投资者对某个事件以及对公司相关报道的观点是什么，都会通过其在互联网上的行为产生新一轮的用户行为数据，在最短的时间内利用算法，得到市场情绪或新闻事件对市场的影响程度，进而挖掘市场景气度、情绪度以及事件热点等指标，为大数据投资生成决策。为此，管清友指出，利用大数据进行投资对传统投资而言不但是一种补充，甚至是一种超越。国内外的研究结果表明，利用大数据进行投资的收益要好于市场平均。美国印第安纳大学近年的一项研究成果更表明，从Twitter 信息中表现出来的情绪指数与道琼斯工业指数的走势之间相关性高达 87%。牛津大学期刊发表的一篇文章表明，通过搜索分析投资者在网络发帖和评论中表现出来的观点，能够很好地反映多空态度，同样也能够有效地预测未来股市的收益。

英国华威商学院和美国波士顿大学物理系的研究发现，用户通过谷歌搜索的金融关键词或许可以预测金融市场的走向。研究人员统计了谷歌搜索 2004—2011 年的 98 个关键词，追踪了这些关键词在这段时期内的搜索数据变化情况，并将数据和道琼斯指数的走势进行了对比。研究称，一般而言，当"股票""营收"等金融词汇的搜索量下降时，道琼斯指数随后将上涨，而当这些金融词汇的搜索量上升时，道指在随后的几周内将下跌。研究人员根据这些数据制定了一项投资战略，该战略的回报率高达 326%。相比之下，在 2004 年买入并在 2011 年卖出股票的投资回报率仅为 16%。

在国内，2015 年 2 月 10 日，百度宣布开放"百度股市通"APP公测。这是国内首款应用大数据引擎技术智能分析股市行情热点的股票 APP，同时意味着百度正式进军互联网证券市场。"百度股市通"独家提供的"智能选股"服务，基于百度每日实时抓取的数百万新闻资讯和数亿次的股票、政经相关搜索大数据，通过技术建模、人工智能，帮助用户快速获知全网关注的投资热点，并掌握这些热点背后的驱动事件及相关个股。

五、数据挖掘与汽车行业的关系

互联网、移动互联技术的快速普及，正在诸多方面改变着人们的车辆购置和使用习惯，使传统的汽车数据收集、分析和利用方式发生重大转变，必将推动汽车产业全产业链的变革，为企业带来新的利润增长点和竞争优势。

首先，车企可以利用数据挖掘技术，通过整合汽车媒体、微信、官网等互联网渠道潜客数据，扩大线索入口，提高非店面的新增潜客线索量，并挖掘保有客户的增购、换购、荐购线索，从新客户和保有客户两个维度扩大线索池；运用大数据原理，定义线索级别并进行购车意向分析，优化潜客培育，提高销售线索的转化率，提升销量。

其次，借助数据挖掘技术可以改善产品质量，促进产品研发。通过用户洞察，进行产品设计改进及产品性能改进，提高产品可靠性，降低产品故障率。大数据应用在企业运营方面可通过搭建业务运营的关键数据体系，开发可视化的数据产品，监控关键数据的异动，快速发现问题并定位数据异动的原因，辅助运营决策。

另外，车企可以通过数据挖掘技术进行服务升级。大数据应用于客户管理方面可以提升客户满意度，改善售后服务。通过建立基于大数据的 CRM 系统，了解客户需求，掌握客户动态，为客户提供个性化服务，促进客户回厂维修及保养，提高配件销量，增加售后产值，提升保有客户的利润贡献度。

在汽车的衍生业务方面，数据挖掘也有很大的利用空间。比如，通过对驾驶者总行驶里程、日行驶时间等数据，以及急刹车次数、急加速次数等驾驶行为在云端的分析，有效地帮助保险公司全面了解驾驶者的驾驶习惯和驾驶行为，有利于保险公司发展优质客户，提供不同类型的保险产品。

六、数据挖掘与能源业的关系

能源行业作为国民经济与社会发展的基础，正在受到大数据的深刻影响。2013 年，能源相关的一些细分行业与大数据开发应用不断擦出火花，初显爆发力。从海量看似静态的数据中，搜集并分析提取出动态多样的规律性的有价值信息，是大数据技术带给能源行业的福利。

目前能源领域的大数据应用主要有 4 个方面。第一，促进新产品开发。美国通用公司通过每秒分析上万个数据点，融合能量储存和先进的预测算法，开发出能灵活操控 120 米长叶片的 2. 5-120 型风机，并无缝地将数据传递给邻近的风机、服务技术人员和顾客，效率与电力输出分别比现行风机提高了 25% 和 15%。第二，使能源更"绿色"，其关键是利用可再生能源技术，如冰岛的 Green Earth Data 与 Green Qloud 公司，依靠冰岛丰富的地热与水电资源驱动为数据中心提供100% 的可再生能源。第三，实现能源管理智能化。能源产业可以利用大数据分析天然气或其他能源的购买量、预测能源消费、管理能源用户、提高能源效率、降低能源成本等；大数据与电网的融合可组成智能电网，涉及发电到用户的整个能源转换过程和电力输送链，主要包括智能电网基础技术、大规模新能源发电及并网技术、智能输电网技术、智能配电网技术及智能用电技术等，是未来电网的发展方向等。第四，改变社会，为城市基础设施、能源、交通、环境等带来机遇。大数据使城市越来越智能化，纽约、芝加哥与西雅图向公众开放数据，鼓励建设多样化的智能城市。

以电力行业为例，电力大数据涉及发电、输电、变电、配电、用电、调度各环节，对电力大数据进行挖掘需要跨单位、跨专业。近几年，随着电力企业各类 IT 系统对业务流程的基本覆盖，采集到的数据量迅速增长。而今，围绕数据采用相应的定量和统计信息，挖掘更加有价值的信息，已经逐渐超越数据的收集和存储，成为电力大数据面临的首要问题。越来越多的企业在思考如何利用大数据对业务进行战略性的调整，并通过数据分析，加工成更为高价值的数据，开拓并全面掌控企业业务。举个例子，国家电网在北京亦庄、上海、陕西建立了 3 个大数据中心，其中北京亦庄大数据中心已安装超过 10200 个传感器，它们及时采集数据，存储到云并进行分析和利用，每个月可节约的能耗价值约为 30 万元。

有人提出，重塑电力核心价值和转变电力发展方式是电力大数据的两条核心主线。电力大数据，就是要通过对电力系统海量数据的采集分析，推动其生产运作方式的优化，甚至是挖掘出大量高附加值的信息内容进行行业内外的增值服务业务开展。看似简单的数据，实际暗藏着金矿。维斯塔斯风力系统，依靠的是 BigInsights 软件和 IBM 超级计算机，然后对气象数据进行分析，找出安装风力涡轮机和整个风电场最佳的地点。利用大数据，以往需要数周的分析工作，现在仅需要不足 1 小时便可完成。

除了电力领域，在石油、新能源方面，大数据应用也越来越广泛。

七、大数据挖掘与文化产业的关系

"大数据"无论是作为一种社会治理工具、科学研究手段还是一种"思维"，是在 2012 年开始被介绍和进入中国的。

数据是人们空间活动行为的一个结果。没有人的活动，就没有数据。因此，数据也只有对人和人类社会才是有意义的。数据是经由一个人与自然、人与社会、人与社会自然和人与自然社会的演化累进而形成的对于人类社会发展起决定性作用的战略应用素。离开了数据，对数据的掌握和应用，人类社会将寸步难行。数据是抽象的，是对事物存在的量的表述。数据本身无所谓关系。数据关系是人的发现结果，而数据的空间存在则表现了关系。不同的数据之间反映了客观事物存在的不同的量，而正是这种事物存在之间的不同的量，揭示了不同事物存在之间的质的差异性，以及由这种差异性构成的事物之间的不同进化与竞争。但是，所有这一切如果不通过和借助于一定的表现手段，人们是无法直观地看到它们之间存在这种空间关系的。而所谓数据可视化，就是一种以图形、图像、地图等方式来展现数据的大小，诠释数据之间的关系和发展趋势，以便更好地理解和使用数据分析的结果。

市场分析是重要的，未来中国文化产业发展依然需要市场分析，但是市场分析只是"数据挖掘和战略应用"的初级阶段，只是一种建立在工业文明关于数字意识的基础之上的；还不是"数据时代"的"数据挖掘"和"数据分析"，尽管它也使用"数据统计分析"。但是却很少对数据的价值做深入的"挖掘"并把它作为战略资源——战略应用素来应用。所谓战略应用素是指战略决策和应用的某种必要条件，即缺了它一定不行的要素。而这恰恰就是数据蕴含的价值，而这一价值不通过"挖掘"是发现不了的。这就是涂子林在他的《大数据》一书中所定义的："数据挖掘是指通过特定的计算机算法对大量的数据进行自动分析，从而揭示数据之间隐藏的关系、模式和趋势为决策者提供新的知识。"数据挖掘就是把数据分析的范围从"已知"扩大到了"未知"，从"过去"推向了"将来"。"将来"是什么样的？这是所有人都在追问的问题。每个人对"将来"的认知和理解都是不一样的。但是,对社会治理和社会发展确实很重要的。尤其是在整个人类文明社会面临根本性的战略转型的时候,往哪里转?怎样转?和什么时候转?朝什么方向转?转成个什么样子或者说转到什么领域才是最可持续发展的时候,对大数据的分析和挖掘就成为战略性转型应用不可或缺的手段。缺少这一手段,就无法预见未来;无法预见未来,就不知如何重新配置资源和重建资源的空间关系,以获得进一步战略发展的战略空间和机遇。今天中国的文化产业发展正面临着重建空间关系的战略"窗口期"。

但是,中国文化产业发展集体无意识仿佛还没有做好这样的"数据思维"准备。还停留在所谓"市场分析"的初级阶段,还没有进入"数据思维"的大数据时代。很多关于中国文化产业发展的战略研究和发展规划研究还处在"我注六经"的阶段,缺乏如2000年之初那种"领风气之先"的研究气象。可以这样说,正是有那样的前瞻性研究——尽管没有大数据支撑——为中国文化产业发展的战略决策提供了战略性决策依据。近年来,国家出台了文化与科技相融合等相关政策,但是文化产业学术界对此的研究与国家的战略需求仿佛还相去甚远。什么才是文化与科技相融合?就是把"大数据"应用于中国文化产业的决策发展之中,通过对文化产业发展的"数据挖掘",寻找"下一代文化产业",推进中国文化产业"代际创造"的创造性革命,重塑中国文化产业的空间关系,从而使中国文化产业发展的战略性资源配置更加体现对"未知"领域的开拓,对"将来"领域的占领。

在由此而涉及的数据问题上,基本上还处在一种"无知"或"知之不多"的状态。在这里,收集数据、分析数据和挖掘数据作为一种战略性基础工作就显得极其重要。

文化产业空间关系,既包括文化产业的外部空间关系,如文化产业在国土空间布局中的比例关系;也包括内部空间关系,如不同文化产业行业在整体文化产业结构中的比例关系;还包括由内外部共同建构的空间关系,即在不同的国土空间条件下,不同文化产业行业之间的配比关系,因而是一个复杂的空间网络系统。这一网络系统任何一个节点的变动，都会引起整个网络系统的更大变动，从而导致文化产业空间关系的重组。由于互联网已经现实地构成人们的社会生活空间关系、文化产业网络空间的构成关系，以及网络文化产业空间关系，不仅与传统意义上的文化产业空间关系构成一种交互式的文化产业空间关系，而且建立在大数据基础上的现实与虚拟文化产业正在走向新的空间关系融合的形式。中国文化产业空间关系正在走向一个大转折时代、重构时代。文化产业空间关系是文化秩序的一种表现形态，是一种关于文化权力和权利关系的秩序形态。已有的关于"中国文化产业发展指数研究"也还只是对这种空间关系的一种初步的和粗浅的探索，面对正在到来的中国文化产业大转折和重构时代，面对"寻找下一代文化产业"新的历史使命，还有大量的工作要做。

未来的中国文化产业空间关系是什么样的，取决于"下一代的文化产业"是什么样的。每个人的图景显现和图景答案都不一样。今天中国文化产业的空间关系是历史的文化产业发展与文化政策资源配置的结果，既不是"市场分析"的产物，更不是"数据挖掘"出来的。这是中国文化产业构造的历史性。"数据挖掘"和"文化政策资源配置"将同时在布局"未知"领域的中国文化产业空间关系中发挥作用。在这里，文化政策的资源配置和决策依据将同时包含对中国文化产业发展"数据挖掘"的科学性应用。

大数据正在引发深刻的产业革命。大数据革命带来的革命性变化，将深刻地影响新的主流技术体系的形成、新的生产力体系的形成，这两大体系的形成将从根本上为重建文化产业主流技术体系和生产力体系，以及由此引发的新一轮文化产业创新周期的到来提供新动力。这一新的文化产业创新周期的到来将深刻改变文化产业的内部结构关系，全社会要素资源向文化产业的新技术领域的大量集聚，人们的社会生活方式也将发生重大变化并引发新的文化消费需求，从而带动文化产业革命，并将由此而引发全球文化产业空间关系的深刻变动与重组。文化产业将进入"下一代文化产业"的成长周期，这是中国文化产业发展的新动力。中国文化产业的空间关系也将在这一轮以数据革命为主要形态的过程中重塑。

2015 年 8 月 9 日，国务院常务会议通过《关于促进大数据发展的行动纲要》，大数据被定义为"基础性战略资源"，国家信息能力成为重塑国家核心竞争优势的决定性因素，大数据的预测性功能如何和能否在未来中国文化产业空间关系的重塑过程中得到充分的体现和应用，将直接影响和决定中国文化产业在整个国家治理体系和治理能力上的现代化话语水平。总体国家安全观和《国家安全法》提出，文化安全要为政治安全提供保障。文化产业是实现这一战略需求的重要载体，而它的空间关系能否满足这一战略需求，在很大程度上取决于中国文化产业空间关系重塑的可持续发展程度。而所有这一切，都将取决于对中国文化产业发展的"数据挖掘"的程度，以及建筑在这个基础之上的战略应用素，即能否发现"下一代文化产业"，从而开始中华民族在文化领域里向世界和人类贡献新的文明成果。

第六章　大数据挖掘技术研究

　　人们生产数据、挖掘数据、实现数据价值，而大数据的价值依赖先进的挖掘技术，因此数据挖掘技术在发挥数据挖掘的过程中扮演着重要的角色。近年来，数据挖掘的发展得到了商务管理、市场分析以及科学研究等各个领域的广泛关注。对于企业来说，数据挖掘是按照企业的业务目标，进行企业数据的分析和探索，捕捉数据中的隐藏规律并将其模型化，以此来达到优化营销策略的目的。在数据挖掘的过程中，每个步骤都环环相扣，相互依存，保证每一步的质量以及整个挖掘过程的完整和顺畅是达到最终业务目标的重要保障。

第一节　数据挖掘与过程

　　数据挖掘是从大型数据库或数据仓库中提取隐含的、未知的、非平凡的及有潜在应用价值的信息或模式，它是数据库研究中的一个很有应用价值的新领域，在 20 世纪 80 年代后期兴起，融合了数据库、人工智能、机器学习和统计学等多个领域的理论和技术。数据挖掘通过对未来发展趋势的预测，进行知识的决策。数据挖掘技术可以分为描述性技术和预测性技术，描述性技术了解数据中潜在的规律，预测性技术是使用历史预测未来的技术。

一、数据挖掘的功能

　　数据挖掘具有如下功能。

　　（1）数据总结。数据总结来自统计分析，其目的在于削减数据，将数据进行压缩，使剩余数据更加紧凑、便于处理。常用的方法如求和、求平均、求方差标准差等应用广泛且较为有效的数据总结方法。

　　（2）趋势预测。数据挖掘自动在数据库中对对象的数据本身进行分析，对其发展的规律进行把握，最后得出结论，从而预测对象未来的发展趋势。

（3）分类。数据分类主要通过构造一个分类模型（或称分类器）来将数据库中的数据项一一划定到给定的某一个类别中。

（4）关联分析。关联分析是寻找数据库中两个变量或多个变量值的相关性，从而找出数据库中的关联网。常用的关联分析技术主要有关联规则和时序模式。关联规则是发现在同一个事件中出现的不同变量的相关性，而时序模式寻找的是事件之间时间上的相关性。

（5）聚类。聚类是把整个数据库分成不同的子集，使相同子集的元素尽量相似，而子集与子集之间差别更为明显，从而加深人们对客观事物或事件的认识。

（6）概念描述。概念描述是指对所选择的对象进行较为简洁的描述。通常来说，概念描述可以分为两类：数据特征化描述与比较性描述。特征化描述针对选择对象的共同特征进行概括总结，而比较性描述主要对两类或多类对象之间的区别进行对比后得出结果。

（7）偏差检测。数据库中通常会出现一些少数的、极端的特例，比如一些异常记录、预测值和实际值的偏差等，而偏差检测则是将这些现象进行描述，揭示这些特例存在的内在原因。

二、数据挖掘的实质

数据挖掘的实质是知识发现的过程，总的来说，知识发现分为 3 个步骤：数据预处理、规律寻找、知识表示。

（1）数据预处理。数据预处理是将分析所需的数据从海量的数据源中抽取出来，主要包括 4 个方面的内容：数据清洗、数据集成、数据约简、数据转换。

数据清洗是指清除噪声或错误的不一致的数据；数据集成是指将多种数据源融合在一起，并把结果数据存放在数据仓库中；数据约简是指进一步将数据库中与挖掘任务相关的数据提取出来并进行初步分析；数据转换是指将数据统一变换成进行挖掘工作适合的格式。

（2）规律寻找。规律寻找是指用特定的数据挖掘技术将数据集中具有的规律现象挖掘出来。

（3）知识表示。知识表示是指运用可视化的技术将发现的规律与知识向用户呈现出来。

三、数据挖掘过程

根据数据挖掘方法论 SEMMA（Sample、Explore、Modify、Model、Assess）大致可以将数据挖掘过程分为 5 个方面。但实际上，数据挖掘的过程在每个领域都略有不同，不同的挖掘技术也具有不同的特点和对应的过程。在数据挖掘的过程中，应该针对不同业务目标制定合适的挖掘步骤达到最佳的效果，以求达到数据挖掘过程的标准化和系统性。具体的挖掘过程为：定义挖掘目标→数据取样→数据探索→数据预处理→模式发现→模型评价。可以看出，数据挖掘的过程总体来说分为 6 个方面，即定义挖掘目标、数据取样、数据探索、数据预处理、数据模式发现以及最后的模型评价。然而，每个步骤并不是独立的，每一个步骤都对后面步骤的实现有着巨大的影响，比如抽取合适的、能体现整体数据特征的数据样本为后面的数据探索结果奠定了重要基础，而数据探索的指示性结果也使后面的数据预处理完成速度加快，节省资源。因此，保证每一步更为精确地实现，才能确保挖掘结果的质量有效性，业务目标完美达成。本节将具体阐述前 5 个具体过程涉及的技术。

（一）如何定义挖掘目标

在进行数据挖掘之前，应对目标进行定义和分析。首先应提出项目背景和业务的分析需求，以及讨论问题的范围和计算模型所使用的度量，最后制定需求分析的具体框架和计划。数据挖掘是知识发现的过程，从数学的角度上看，数据挖掘是通过各种有效的途径和方法，将不同度量空间中的距离概念转换到数学相似性的问题上。在现存的具体应用中，常见的数据挖掘目标主要有分析解释性数据、描述性建模、预测性建模、模式发现等。例如，在互联网中的数据挖掘问题中，其核心是通过数据挖掘技术进行互联网数据源的规律发现，针对互联网中信息交互数据进行分析和知识提取。互联网挖掘可以分为结构挖掘、元数据挖掘、内容挖掘、使用挖掘、总结摘要和集成系统挖掘。结构挖掘是指对互联网页面之间的链接结构进行挖掘；元数据挖掘是指对那些能够帮助识别、描述和定位互联网资源的数据进行挖掘；内容挖掘是指对站点的互联网页面内容进行挖掘；使用挖掘是指对用户访问互联网时在服务器上留下的访问记录进行挖掘；总结摘要和集成系统挖掘是指通过各种信息抽取办法，将信息浓缩或升华，或者形成文字摘要，或者使用数值的方法进行挖掘。

在现存的挖掘类型中，除了上述常见的挖掘问题，还有对复杂对象、空间数据、音频图像以及时间序列等数据的挖掘。因此，在定义挖掘目标以前，确定挖掘问题和目标是首要问题。为了更好地定义挖掘问题，主要包括以下几个方面的内容。

1. 定义目标变量

初步定义目标变量，在随后数据数理过程中的数据抽取时进行相应的完善修正，使数据挖掘工作能够符合和支持业务的应用需求。

2. 制订样本抽取方案

根据不同的业务需求及目标变量的定义，制定相应的数据抽取规则。这里的规则主要是指数据抽取的频率等。

3. 确定模型输入变量

通过业务需求的调研和分析，较为详细地罗列出数据挖掘模型的潜在分析变量。另外，在定义挖掘目标时，应当注意一些较为细节的问题，比如数据挖掘查找的关系类型、数据挖掘模型的功能、数据类型、数据分布情况等。保证数据的可用性和数据对业务需求的支持。

（二）如何进行数据取样

数据取样源于统计学，在 20 世纪 20 年代，数据取样的基本理论逐渐形成和完善。数据取样是按照制定的程序，将部分数据从全体对象中抽取出来，进而进行数据的分析和调查，最后根据抽取出来的样本数据对总体目标进行评价估计。数据取样缩减了数据，节约了数据处理时间和成本花费，在保证数据的正确性和代表性的情况下，被广泛应用于各个研究领域中。

数据取样主要包括总体、样本、取样方法、取样单元以及样本量等概念①。

总体是指所研究对象的全体。样本是指按某种取样方法从总体中抽取其中一部分的个体。取样方法是指样本的抽取方法，包括概率取样（随机取样）和非概率取样。概率取样是一种从总体中按一定概率获取样本的方法，不仅能够避免人为的干扰和偏差保证样本的代表性，还能估计由于取样引起的误差。因此，采用概率取样可以获得估计的精确度。非概率取样是指分析人员根据自己主观判断决定抽取样本的方法。由于人为的主观性，所以非概率取样失去了大数定律的存在基础，无法确定取样误差，也不能从数量上推断总体，也就无法保证样本的统计值在多大程度上符合总体规律，这是非概率取样最大的弊端。取样单元是指为使概率取样能够实施，同时也为了具体取样的便利，通常将总体划分成互不重复的若干部分。样本量是指样本中包含的样本数目。

在数据挖掘中，数据取样依然扮演着重要的角色。目前的大数据挖掘问题中，由于数据量极其庞大，因此代表性样本数据的恰当抽取，对于后续整个数据挖掘工程起着重要作用。

1. 为什么需要数据取样

取样在数据预处理阶段非常常见，缩小数据规模是采取取样措施的根本目的。由于数据全集的规模相当庞大，导致在进行数据计算分析时耗费更多的时间和资源，甚至引起处理软件崩溃，可能丢失当前挖掘成果。通过数据样本的选择，也能够使数据反映的规律更加明显，为接下来的挖掘工作奠定基础。具体来说，取样技术在数据挖掘中的作用如下。

（1）提升数据处理的速度和效率，降低成本。评价数据挖掘技术是否优越的两大主要因素是速度和效率，而数据挖掘的速度和效率则是由系统软/硬件的运算能力、数据集本身情况、数据选取方法、分析

---

① 于海涛. 抽样技术在数据挖掘中的应用研究［D］. 合肥：合肥工业大学，2006.

工具以及挖掘算法决定的。因此，合理运用取样技术可以在保证大部分信息不丢失的同时，提高数据计算速度，而且数据挖掘的结果更具意义和说服力，也降低了整个数据挖掘工作的花销。

（2）特殊问题分析的需要。在数据挖掘工作中，往往业务需求种类较多，即是需要分析的问题的特点也形形色色，这些特点也会影响数据处理的方式。比如在一些涉及破坏性的实验的商业问题中，数据是珍贵的，破坏性试验引起数据的丢失导致损失较大，因此抽取一小部分数据来进行耐用性实验才是最经济、最有效的。

2. 数据取样需要注意哪些问题

（1）保证数据的质量。数据的质量是进行挖掘的根本，数据挖掘得出的规律性必须具有说服力，一旦无法保证数据的质量，也就无法向用户进行可靠的知识规律呈现。

（2）保证数据取样符合业务需求和任务目标。第一，熟悉数据与业务背景是基本；第二，确保数据的实时性，即取样的数据集应当与当前的业务需求相对应。

（3）保证数据样本与数据全集特征的一致性。第一，保证样本数据中的自变量与数据全集中的自变量种类、值域和分布一致；第二，保证样本数据中的应变量与数据全集中的应变量种类、值域和分布一致；第三，保证数据样本与数据全集中缺失值的分布一致。

（4）保证取样的效率可观。前面提到，效率是数据挖掘算法最重要的因素之一，正确性也是。所处理的数据越多，得到结果的正确性就越高，但同时降低了效率；相反，所处理的数据减少时，效率会增加，但降低了正确性。数据挖掘中通过取样来获得结果，是以正确性换取效率的策略。在决定实施取样以前，必须对比取样所带来的额外开销同其所带来效率，避免既降低了数据挖掘的正确性，同时又降低了效率。

（5）保证样本量与质量。取样后数据挖掘分析的正确性和效率是一对矛盾体，而样本量是决定取样后数据挖掘分析的正确性和效率的重要因素之一。样本量大，正确性高，效率低；样本量小，正确性低，效率高。

3.　数据挖掘中的数据取样方法

（1）简单随机取样。简单随机取样[①]是数据挖掘中最常用的取样方式，主要包括：有放回的简单随机取样和无放回的简单随机取样。这种取样方法简单易行，仅需借助于随机数生成函数并扫描一遍总体数据集就可以产生样本数据集，且生成的样本数据集映射了总体数据集的数据分布情况。它主要可以应用在生成用来估计初始化参数的随机样本和数据约简。

（2）分层取样。当训练数据集中各属性的值不是均衡分布时，随机取样策略很难产生好的学习样本，这时可以借助统计学中分层取样的思想和方法。分层取样可以按照属性值分布的不同将数据全集划分为若干个层，在每个层中独立进行简单随机取样或其他取样，这样生成的训练样本将大大减少分类学习的学习复杂度，另外这种方法还可以保证样本数据的代表性。

（3）簇取样。假设数据集 S 被分为 4 组，每一个组互不相交，称每个组为一个"簇"，对每一个簇进行简单随机取样，则得到数据的约简表示。

（4）窗口取样。从总体训练数据集中选择合适的训练样本，并在此样本上生成可供学习的高质量的决策树。窗口即是这个可供学习的训练样本。初始的窗口也是由随机取样生成的，但窗口同随机取样的区别是，窗口通过对当前样本的评价来确定是否要停止取样或将哪些数据单元加入样本中，也就是说这是一种自适应的取样方法。

（5）密度偏差取样。密度偏差取样是在数据挖掘中产生的一种新的取样策略，它依据数据分布的密度情况来生成样本，以实现数据的约简。这种抽样方法具有一定的适应性，因为根据所选数据挖掘算法的不同来选择取样不同密度的区域。另外，这也是一种数据简约技术，而且比随机取样具有更好的约简效果。除了上述优点，密度偏差取样也存在短处和不足。在效率方面，这种方法需要完整扫描总体数据集才能获得数据分布的密度函数和生成样本，因此效率较低；在密度偏

---

① 范明，孟小峰. 数据挖掘：概念与技术［M］. 北京：机械工业出版社，2014：71-72.

差取样过程中具有一个难以解决的问题——数据分布密度函数不容易获得。

（三）如何进行数据探索

数据探索是对数据进行深入调查的过程，实质上是为了达到发现数据中复杂关系的目的①。基于普遍的理解，数据探索是在缺少理论支撑的情况下进行数据的分析，更倾向于初步分析数据特征。它是在数据存在多种类型的情况下，进行数据统计分析的。一般来说，数据探索包括以下几个方面的内容。

（1）确定与原定要求是否符合。内容包括：①数据中存在的明显的规律；②数据中未料想到的状态。

（2）各个因素之间的相关性。内容包括：数据可以大致分为几类，等等。

但上述的几个内容并不能算数据探索这一环节的全部，因为数据中复杂的关系并不可能在短时间内建立起来。数据的探索和分析模式并不是固定的，需要根据业务需求进行调整，或者说，数据探索具有启发式、开放式的特点。在数据挖掘工作初始阶段，由于对数据背后的理论信息掌握得很少，或缺少这方面的资料，此数据的类型和特点等都无法准确掌握，需要通过具体的统计分析方法来进行数据内部的探索，此谓数据的启发式。另外，在进行数据探索工作前，数据清理是必需的一步，而数据清理工作通常要考虑学科背景知识，如对缺失值的处理等。所以如果仅仅是进行数据探索的话，则很少考虑上述情况，因此仅仅根据数据特点来选择适合的处理方法，此谓数据的开放式。常用的数据探索的方法有以下几种②。

1. 统计描述

统计描述的种类主要包括均值、百分位数、中位数、众数、全距和方差等。描述统计针对不同数据属性，通常用于数据整体结构的

---

① 卢辉. 数据挖掘与数据化运营实战 ［D］. 北京：机械工业出版社，2014.

② Mozewo. 数据探索：探索性数据分析 ［EB/OL］. http：//bbs. pinggu. org/thred-617292-1-1. html，2009-11-16.

发现。

平均数是表示一组数据集中趋势的量数，是指在一组数据中所有数据之和再除以这组数据的个数。它是反映数据集中趋势的一项指标，也是在数据统计中最为广泛应用的一项指标。百分位数是指如果将一组数据从小到大排序，并计算相应的累计百分位，则某一百分位所对应数据的值就称为这一百分位的百分位数。百分位数在数据探索中的应用存在较高价值，比如两两百分位间可以得出数据的密度，分布两端的百分位可以分析数据异常值。另外，百分位数对于数据探索来说最大的长处是能够提供数据整体特征，而且其提供的信息可以模拟原始数据即反推出样本信息，从而获得各种指标。

2. 图表描述

图形直观方便，易于理解，因此图表描述在数据探索中扮演着极其重要的角色。在数据探索阶段，图表主要用于汇总数据，所以呈现的是汇总后的数据，如均值、标准差等信息。箱线图、散点图等在图表表达中相当常见。散点图表示因变量随自变量而变化的大致趋势，据此可以选择合适的函数对数据点进行拟合。箱线图是一种用作显示一组数据分散情况资料的统计图。但箱线图不能提供关于数据分布偏态和尾重程度的精确度量，对于批量较大的数据批，箱线图反映的形状信息更加模糊，用中位数代表总体平均水平有一定的局限性等。因此，应用箱线图最好结合其他描述统计工具，如均值、标准差、偏度、分布函数等来描述数据批的分布形状。

3. 可视化技术

可视化技术在数据探索阶段也较为常用，由于可视化能够将数据的总体特点以图形的方式呈现，用来发现其中的模式，并且可以根据一定的规则进行更多的处理。

4. 模型描述

由于一般情况下模型具有一定的理论基础，因此用于建模的统计方法在数据探索中也能发挥作用。数据探索更多的是分析人员在一定经验支撑下凭借主观意识进行的探索，这与模型的建立具有相同的思想，因此探索结果往往都需要理论的验证。

（四）如何进行数据预处理

1. 预处理的目的

数据预处理的根本目的是保证数据的质量，而数据质量与很多因素有关，比如数据的准确性、一致性、完整性和时效性，上述 4 个因素是数据质量中关键的几个因素。造成数据不准确等问题的原因各种各样，下面列举一些常见的原因。

（1）数据不准确。在收集数据阶段，因为收集设备的不完善；在数据输入阶段，人为导致数据输入错误；在数据传输阶段，因为技术的限制；站在用户的角度，也会因为用户对信息的掩盖而造成数据不准确或缺失。

（2）数据不完整。由于部分重要数据保密性、网络安全性等原因，可能导致数据的无法获取或者人为地输入理解的错误导致的数据不完整。

另外，数据的可信性和可解释性也是评价数据质量的重要因素，可信性是指用户信赖的数据量，可解释性是指数据被理解的程度。

2. 预处理的主要步骤

预处理主要包括 4 个方面的内容：数据清洗、数据集成、数据约简、数据转换。

（1）数据清洗。数据清洗，顾名思义，就是按照一定的规则把"无意义的"数据清除，发现并纠正数据文件中可识别的错误，包括检查数据准确性完整性、处理无效值和缺失值等。因为数据仓库中的数据是面向某一主题的数据的集合，这些数据从多个业务系统中抽取而来而且包含历史数据，这样就避免不了有的数据是错误的，这些错误的数据称为"脏数据"，进行数据清洗之后才能进行后续工作。

1）缺失值处理。删除缺失元组。这种方法保证了保留下来的数据是完整的，但如果数据缺失严重，删除后的数据集显得数据量不足，并且可能导致部分有意义的甚至重要的数据丢失。因此，这种方法只能用于样本里缺失值比例较小的情况。

删除有大量缺失值的变量。这种方法通常针对缺失值的比例较大，超过20%的变量。但这种方法可能使数据丧失本身具有的商业背景和意义。

填充缺失值。通常运用一个全局变量、属性的中心度量或者推理出的最可能的值进行缺失值的填充。这种方法的好处在于简单直观，有一定依据。但这种人为地替换并不能完全代表缺失数据的本身意义。

2）识别和删除离群点。利用基本统计描述中的散点图可以进行离群点的识别。散点图是在回归分析中，数据点在直角坐标系平面上的分布图，表示因变量随自变量而变化的大致趋势，据此可以选择合适的函数对数据点进行拟合，判断两变量之间是否存在某种关联或总结坐标点的分布模式。另一种技术是利用数据可视化技术识别离群点。数据可视化是关于数据的视觉表现形式的研究，这种数据的视觉表现形式被定义为一种以某种概要形式抽提出来的信息，包括相应信息单位的各种属性和变量，它旨在借助于图形化手段，清晰、有效地传达与沟通信息。

3）光滑噪声处理。噪声是指被测量的变量的随机误差或方差。比较常用的数据光滑处理技术包括：

分箱技术。分箱通过考察"邻居"（周围的值）来平滑存储数据的值，用"箱的深度"表示不同的箱里有相同个数的数据，用"箱的宽度"来表示每个箱值的取值区间。由于分箱方法考虑相邻的值，因此这是一种局部平滑方法。

回归技术。回归通过一个函数来进行数据的拟合，从而起到光滑数据的作用。

（2）数据集成。在企业或各种互联网平台中，各大异构的信息系统在同时运行，而这些系统的开发时间和开发部门都是不同的，并且它们运行的软/硬件平台也不同，导致了这些系统的数据源彼此独立，使得数据变得各自孤立，无法在系统之间交流、共享和融合。随着信息化应用的不断发展，不仅仅是企业内部，企业与外部信息交互的需求日益强烈，并且急切需要对已有信息进行信息的共享和整合，这就是数据集成完成的任务。数据集成则是将来自多个信息系统的不同来源、格式、特点性质的数据合并联系起来，解决数据的冗余、不一致和数据冲突等问题。

1）冗余处理。数据冗余是数据库一个显著且重要的特征，是数据、文件的重复存储。在数据库中，当文件被多次备份在一个数据文件或多个数据文件中，数据冗余就会发生冗余问题。形成的原因有很多种，可能是因为属性数据的重复导出，可能是元组数据的重复，也可能是因为属性命名不一致，还可能因为一些数据冗余是为了数据安全、防止数据丢失必要的备份冗余。下面分析冗余检测与去除的几种策略。利用相关分析进行冗余检测。两个属性的相关性可以由相关分析得到，在《数据挖掘：概念与技术》一书中提到 3 种相关检验的方法，对于标称数据，使用卡方检验；对于数值属性，使用相关系数和协方差来评估一个属性的值如何随另一个属性的值变化。

识别并去除重复冗余数据。这种方法可分为基于散列识别和基于内容识别。基于散列识别一般分为 3 步：数据划分、数据指纹计算以及重复数据检测；基于内容识别方法则是通过对每个字节进行比对，如有不同，则将不同的字节存储在另一个增量文件中，这种利用元数据信息来识别文件的方式防止了散列冲突。

不同去重粒度的冗余去除。根据去重粒度不同，可以分为文件级去冗余、数据块级去冗余、字节级去冗余甚至位级去冗余。文件级去冗余通过计算文件的哈希值来查找是否存在相同的文件从而去除冗余；数据块级去冗余是通过删除内容相同的数据块达到去除冗余的目的；字节级去除冗余是以字节为基本单位查找和删除冗余数据的。

2）数据冲突处理由于数据源的不同、表示方式不同、尺度不同或者编码不同，属性值也可能不尽相同。另外，属性也可能在不同的层，层与层之间的属性值也可能存在差异。因此数据值冲突的检测和处理就显得格外重要。

（3）数据约简。由于大数据量级的庞大，数据的处理分析技术面临着巨大的挑战，常常需要大量的时间和资源，海量数据也降低了挖掘工作的可行性。对于真正大型数据集来讲，在应用数据挖掘技术以前，更可能采取一个中间的、额外的步骤——数据约简。约简后的数据规模变小，但仍然保持原始数据集的特征和完整性，这使得挖掘工作更容易开展，并且产生的结果与约简前相同。一般来说，数据约简方式有以下几种。

1）元组约简。元组约简是指通过离散化数值型属性以及泛化字符型属性值来进行数据库中的元组约简。元组约简的方法主要有连续属性离散化和数据泛化两种。连续属性离散化是指将数值属性的值域划分为若干子区间，每个区间对应于一个离散值。数据泛化是从低层概念的集合到它们所对应的更高一层的映射，并且可以在不同的概念层次上进行，将不同的元组泛化为相同的元组，并且合并这些相同的广义元组，累计它们对应的计数值，达到元组约简的目的。

2）维约简。维约简通过删除不相关的维减少数据量，从而减少所考虑的随机变量或属性个数，将原数据投影到较小的空间。

维约简方法大体可以分为：维排序、维提取、维子集选择。维排序是指根据特有的评估测度标准，比如精度、一致性、信息量和样本距离等来计算出维的顺序；维提取是指通过寻找原始维空间与低维度空间的一个映射或变换，使用新属性替换原始属性；维子集选择是指从一组属性中挑选出一些最有代表性的最小的属性子集，使得数据类的概率分布尽可能地与原分布一致，从而达到减少维数的目的。

3）数量规约。数量规约是指在参数或非参数情况下，用较小的数据表示形式来替换元数据，从而达到数据约简的目的。

（4）数据转换。数据转换是指将数据统一变换成进行挖掘工作适合的格式。经过数据转换，模型得到良好的优化，处理了原始数据中变量分布、噪声等问题。数据转换主要可以分为以下几种。

1）构造新属性。这类转换是指对原始数据集进行恰当的数学推导，从而构造出新的衍生变量，这些新属性往往具有更加明显的意义，也提高了数据的准确性。例如，在对某个家庭的年收入进行处理时，可以将每一个家庭成员的年收入加起来除以成员数则可以得到这个家庭的人均年收入，这个新属性"人均年收入"则可以为这个家庭整体的收入情况做一个参考。

2）数据规范化。数据规范化的目的是将数据按照一定比例进行扩大和缩放，进行度量单位的统一，保证数据在一个范围之内。通常单位较小的属性值域较大，这种属性也具有更大的影响，因此数据规范化有利于数据的平等分析和比较。下面分析 3 种常用的规范化方法。

① MIN-MAX 规范化。这种规范化方法是最简单的方法，又称为离差规范化，是将数据进行线性变化，最后的结果保持在 [0，1] 区间，计算公式如下：

$$x^* = \frac{x_i - x_{\min}}{x_{\max} - x_{\min}} \tag{6.1}$$

式中，是样本中的某个值，是样本数据的最小值；$x_{\max}$ %oax 是样本数据的最大值。

② Z-score 规范化。这种规范法是一个分数与平均数的差再除以标准差的过程。用公式表示为：

$$x^* = \frac{x_i - \mu}{\sigma} \tag{6.2}$$

式中，μ 为平均数；σ 为标准差。

③ 小数定标规范化。这种方法通过移动数据的小数点位置来进行标准化。小数点移动多少位取决于属性 A 的取值中的最大绝对值。将属性 A 的原始值 x 使用 decimalscaling 标准化到 x' 的计算方法是：

$$x^* = \frac{x_i}{10^j} \tag{6.3}$$

式中，j 是满足条件的最小整数。

3）分箱变换。分箱的目的是平滑数据，把区间型变量转换成次序型变量，这种转换不仅可以降低简化变量复杂性，还能提高自变量的预测、能力，使自变量与因变量的线性关系更加明显，最终使模型的拟合效果更好。

4）数学变换。在数据挖掘中，很多区间型变量分布严重不对称且分布状态偏差大，这种不对称分布会使模型的拟合变得困难，因此通过数学变换，使自变量的分布和模型得到更好的拟合。常见的数学变换有：取倒数、开平方、开平方根、取对数、取指数等。

（五）数据模式的发现

模式识别是指对利用数值、文字或逻辑关系来表征事物或现象的各种形式的信息进行处理和分析，从而对事物或现象进行描述、辨认、分类和解释的过程。模式识别又常称作模式分类，从处理问题的性质和解决问题的方法的角度来说，可以将模式识别分为监督模式识别和无监督模式识别两种。两者的主要差别在于样本类别是否已知。监督模式识别是指样本类别已知的情况下进行的识别，而无监督则相反。

应用计算机所识别的对象可以是具体的，也可以是抽象的。具体如文字、声音、图像等，抽象如状态、程度等。这些对象与数字形式的信息相区别，称为模式信息。所谓数据挖掘就是在海量数据中去寻找数据存在规律的技术，是统计学、数据库技术和人工智能技术的综合。数据挖掘从数据中自动地抽取出模式、关联、变化、异常和有意义的结构，其主要价值在于利用数据挖掘技术能发现规律并改善预测模型。对于数据挖掘来说，模式发现是整个数据挖掘的核心。数据挖掘的任务可分为多种类型，其中比较典型的有：关联分析、基于决策树或神经网络的分类分析、聚类分析、序列分析等。下面分别分析几种常见的数据挖掘类型。

1. 关联分析

关联分析广泛用于购物篮分析、交叉销售、商品目录设计等商业决策领域。

关联分析是指在交易数据、关系数据或其他信息载体中，发现其关联、相关性、因果结构或频繁出现的模式，发现存在于在项目集或对象集之间的关联规则。

关联规则是对一组数据项之间的关系进行的描述。在关联规则挖掘相关的算法中，一般会给出置信度和支持度两个概念，把置信度和支持度两者都大于给定阈值的规则认为是强规则，关联分析主要是对强规则的挖掘。关联规则模式类属于描述型模式，其发现关联规则的算法属于无监督学习的方法。

2. 序列分析

序列分析能够看作一种特定的关联模型，只是在关联模型中添加了时间属性。在分析数据仓库中的某类与时间相关的数据时，一般采用序列分析。利用序列去找出类似的序列或子序列，挖掘出时序模式、周期性、趋势和偏离等。

3. 聚类分析

采用聚类分析，系统能够根据部分数据发现规律，找出对全体数据的描述。聚类分析在很多领域中都有应用，如对购物篮分析中，能够利用聚类分析基于其他人的兴趣来预测这个顾客的兴趣。聚类是一组数据对象的集合，这些对象与同一个集合中的对象彼此相似，与其他集合中的对象相异。其相似的程度能够利用距离函数来表示，由用户或专家指定。聚类分析则是指根据某种相近程度度量方法把数据分成彼此相异的一些分组，且每一个分组中的数据相近，不同分组间的数据相差较大。每一聚类内部的相似性很高，聚类之间的相似性很低的聚类方法是高质量的聚类方法。把某些定性的相近程度测量方法转换成定量测试方法是聚类分析的核心。

4. 分类分析

分类分析适用于类别或分类体系已经确定的场景中，目前分类分析在顾客分类、疾病分类、商业建模和信用卡分析等领域中成功得到应用。

分类是按照数据的特征为每个类型建立一个模型，再由数据的属性的特点将其数据分配到不同的组中。在实际应用过程中，分类规则可以分析分组中数据的各种属性，之后得出属性的属性模型，确定哪些数据属于哪些组。根据此方法便能够采用该模型来分析已有数据，并对新数据将属于哪一个组进行预测。类的描述有两种方法：一种是显式的，如用一组特征概念描述；另一种是隐式的，如用一个数学公式或数学模型描述。

从上面提到的内容能够看出，分类是事先定义好的类别，属于有指导学习范畴。分类旨在学会一个分类模型，而该模型可以把数据库中的数据项映射到给定类别中的某一个类中。训练样本数据集作为输入是在构造分类器时必不可少的。训练集是由一组数据库记录或元组组成的，其中的每个元组是由一个特征值组成的特征向量。除此之外，训练样本还有一个类别标记。

5. 偏差检测分析

偏差检测分析经常应用在及时发现有欺诈嫌疑的异常行为等。偏差检测分析用于对数据分类的偏差进行检测并解释，也就是说，是发现在数据集中间明显与其他数据不同的对象。偏差包括分类中的反常实例、模式的例外、观察结果对模型预测的偏差、量值随着时间的变化等很多方面的知识。寻找观察结果与参照之间的差别是偏差检测的基本方法，其观察结果往往是某一个域的值或多个域值的汇总，参照是给定模型的预测、外界提供的标准或另一个观察。使用偏差检测分析有助于去掉知识发现引擎所抽取的无关信息，也能去掉那些不符的数据，同时产生新的关注性事实。常用算法有决策树、神经网络等。

除了以上的一些数据挖掘方法，还有预测模型分析，预测是指利用数据库或数据仓库中已知的数据去推断未知的数据或对象集中某些属性的值分布。常用方法有回归分析、线性模型、支持向量机、关联规则、决策树预测、遗传算法、神经网络等。模式相似性挖掘也是一个常用方法。它是用于在时间数据库或空间数据库中搜索相似模式时，在所有对象中找出用户定义范围内的对象，或找出所有元素对中两者的距离小于用户定义的距离范围的元素对。模式相似性挖掘的方法有相似度测量法、遗传算法等。关于数据中知识模式发现的具体过程，如图 6-1 所示。

在模型的具体构建中，针对业务目标的不同，需要构建不同的模型来进行数据的分析处理。在 SAS 提出的 SEMMA 方法论中，这一步对应采用的技术已经比较明确，比如回归模型、关联模型、分类模型、聚类模型等。

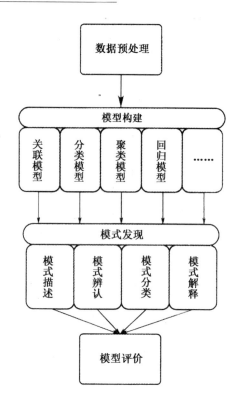

图 6-1　模型构建及模式发现过程

第二节　大数据挖掘处理基本流程

大数据时代，数据的处理与传统的处理方式有着显著的不同：更注重全体数据的处理而非抽样数据、更注重处理的效率而非绝对精度。一个通用的大数据处理流程，可以概括为以下几个步骤。

一、数据的采集

大数据的采集是指接收来自客户端（Web、APP 或者传感器形式等）的数据，并且用户可以对这些数据进行简单的查询和处理工作。在大数据的采集过程中，其主要特点和挑战是并发数高，因为同时可能会有成千上万的用户来进行访问和操作，比如每年春运期间的 12306 火车票售票网站和"双 11"期间的天猫商城，它们并发的访问量在峰值时达到上百万甚至更高，所以需要在采集端部署大量数据库才能支撑。代表工具包括 Flume、Kafka 等。

二、数据的存储

互联网的数据"大"是不争的事实。目前除了互联网企业外，数据处理领域还是传统关系型数据库管理系统（RDBMS）的天下。随着互联网的出现和快速发展，尤其是移动互联网的发展，加上数码设备的大规模使用，今天数据的主要来源已经不是人机会话了，而是通过设备、服务器、应用自动产生的。传统行业的数据同时也多起来了，这些数据以非结构、半结构化为主，而真正的交易数据量并不大，增长并不快。机器产生的数据正在以几何级数增长，比如基因数据、各种用户行为数据、定位数据，图片、视频、气象、地震、医疗数据等。近年来，通过扩展和封装 Hadoop 来实现对互联网大数据存储、分析的技术越来越成熟。对于非结构、半结构化数据处理、复杂的 ETL 流程、复杂的数据挖掘和计算模型大数据的内容是多样的。代表工具包括 HDFS 文件系统、HBase 列数据库等。

三、ETL

在数据采集时，要对这些海量数据进行有效的分析，还要将这些来自前端的数据导入一个集中的大型数据库，或者分布式存储集群，并且在此基础上做一些简单的清洗和预处理工作。大数据时代的 ETL 面临的挑战，主要是导入的数据量大，每秒的导入量经常会达到百兆字节甚至千兆字节级别。另外，在大数据平台完成计算、分析和挖掘后，生成的结果通常是比较小的，为了做可视化展示或与其他业务系统交互，可能需要将其再导入到关系型数据库中。典型的 ETL 工具包括 Sqoop、DataX 等，可以满足不同平台的数据清洗、导入导出等需求。

四、数据的计算

大数据计算主要体现在数据的快速统计与分析上。统计与分析主要利用分布式数据库或者分布式计算集群来对存储于其内的海量数据进行普通的分析和分类汇总等,以满足大多数常见的分析需求。常见的工具包括 MapReduce 分布式并行计算框架、Spark 内存计算模型、Impala 大数据交互查询分析框架等。

五、数据分析与挖掘

大数据的数据挖掘与传统的数据挖掘方法也存在一定的差异。首先,在大数据平台下,数据的体量对挖掘的时效性提出了更高的要求。其次,数据的体量和多样性对模型的绝对计算精度要求降低,可以通过相对计算精度的提升在全样数据上获得更好的计算精度。最后,大数据平台下的数据挖掘可以没有什么预先设定好的主题,主要是在现有数据上面进行基于各种算法的计算,从而起到预测的效果,实现一些高级别数据分析的需求。常用的工具包括 Mahout、MLlib 等数据挖掘和机器学习工具。

六、数据的可视化过程

对于数据分析,最困难的一部分就是数据展示,解读数据之间的关系,清晰有效地传达并且沟通数据信息。大数据可视分析旨在利用计算机自动化分析能力的同时,充分挖掘人对于可视化信息的认知能力优势,将人机各自的强项有机融合,借助人机交互式分析方法和交互技术,辅助人们更为直观和高效地洞悉大数据背后的信息、知识与智慧。

大数据时代数据的来源众多,且多来自异构环境。即使获得数据源,得到的数据的完整性、一致性、准确性都难以保证,数据质量的不确定性问题将直接影响可视分析的科学性和准确性。数据可视化已经融入到大数据分析处理的全过程当中,逐渐形成了基于数据特点、面向数据处理过程、针对数据分析结果等多方面的大数据可视分析理论。典型的可视化工具或组件包括 D3. js、ECharts 等。

大数据挖掘处理基本流程及相应的工具见表 6-1。

表6-1 大数据挖掘处理基本流程

序号	环节名称	工具名称
1	数据采集	Flume、KMka、Scribe 等
2	数据存储	HDFS、HBase、Cassadra 等
3	ETL	Sqoop、DataX 等
4	数据计算	MapReduce、Storm、Impala、Tez、Presto、Spark、Spark Streaming 等
5	数据分析与挖掘	Mahout、MLlib、Hive、Pig、R 语言等
6	数据可视化	D3. js、ECharts 等

第三节 数据挖掘常用算法

在现有的数据挖掘技术中，许多技术（如决策树、神经网络等分类技术）都已经发展得非常成熟，并应用广泛，统计分析方法（如假设检验）也在数据挖掘中扮演了重要的角色。另外，一些生物学的知识（如遗传算法）也被应用于数据挖掘中。不同的数据挖掘技术具有不同的针对性和作用，将其灵活应用于数据挖掘中会为挖掘结果质量带来本质性的提升。

一、决策树

（一）认识决策树

决策树（Decision Tree）是指在已知各种情况发生概率的情况下，通过概率分析构建决策树来求取净现值的期望值大于或等于零的概率，以此来评价项目风险，以及判断其可行性的决策的一种图解法。决策树技术已经非常成熟，并普遍用于数据挖掘中，这种从根部到树干再分支的建模方法和树类似，故称为决策树。

首先，决策树的构造适合于探测式知识发现，因为分类器的构造不需要任何领域的知识，并且学习和分类步骤比较简单快速，还可以处理维度高的数据；其次，决策树直观的表达方式容易理解，并且具有很好的准确率；最后，决策树技术对数据的分布和数据缺失的情况非常宽容，不容易受到极值的影响。因此，在各个领域的数据挖掘中，决策树的应用相当普遍。

（二）不同决策树的算法

决策树每个内部节点表示一个属性上的测试，分支代表该测试的输出，每个树叶节点存放一个类编号，即每个树叶节点代表一个结论。例如，给定一个类标号未知的元组，利用决策树来判断该元组的属性，需要通过跟踪一条从根到树叶节点的路径，则该叶节点就存放着该元组的类预测结果。下面分析几种目前最普遍的决策树算法。

1. 卡方自动交互检测

卡方自动交互检测 CHAID（Chi-squared Automatic Interaction Detection）是由戈登·V.卡斯在 1980 年创建的技术，依据局部最优原则，多向分叉，前向修剪，利用卡方检测来选择对因变量最有影响的自变量。在实际的应用场合中，CHAID 经常使用在消费者群体选择和并反应预测中。具体来讲，CHAID 根据细分自变量与因变量（水平，购买意向）之间的关系，先将受访者分成几组，然后每组再分成几组，每次程序运行后会输出树状图。更早时期，在医学和精神病学的研究领域也较为实用。另外，CHAID 只能处理类别型的离散型输入变量，因此连续型的输入变量首先要进行离散处理。

2. 迭代二分器

迭代二分器（Iterative Dichotomiser，ID3）算法是由机器学习研究人员 Quinlan 提出的。该算法是以信息熵和信息增益度作为衡量标准实现对数据的归纳分类。

ID3 是一种从上往下增长树的贪婪算法，在每个节点选取能最好地分类样例的属性。在这种属性选择方法中，选择具有最大信息增益的属性作为当前划分节点，该度量来自信息论中，消息的值或"消息内容"方面的研究。利用这种方式选择的节点属性可以保证决策树具有最小的分枝数量，使最终得到的决策树冗余程度最低。

数据划分 D 为类标记的元组的训练集。当类标号属性具有 m 个不同值时，定义 m 个不同的类 C_i（$I=1$，2，$\cdots$，m）。D 是 C_i 类的元组的集合，$|D|$、$|C_{i,D}|$ 分别表示集合 D 和 $C_{i,D}$ 中元组数量。D 中的元组的类标号所需要的平均信息量可以表示为：

$$\text{Info}(D) = -\sum_{i=1}^{N} p_i \log_2(p_i) \qquad (6.4)$$

式中，p_i 是 D 中任意元组属于 C_i 的概率。假设属性 A 具有 v 个不同的离散属性值，利用属性 A 将数据集 D 划分成 个子集 $\{D_1$，D_2，$\cdots$，$D_v\}$。设子集 D_j 中全部的记录数在 A 上具有相同的值 a_j。基于按 A 划分对 D 的元组分类所需要的期望信息由下式给出：

$$\text{Info}(D) = -\sum_{i=1}^{N} \frac{D_i}{D} \times \text{Info}(D_f) \qquad (6.5)$$

将信息增益为基于类标号的信息需求量与对 A 划分后的信息需求的差，即 $\text{Gain}(A) = \text{Info}(D)\text{-InfoA}(D)$。

在后续的研究中，提出了 ID3 的改进版本 C 4.5。在 ID3 中使用信息增益度量存在一个较大的缺陷，这种度量倾向于选择具有大量值的属性，但实际上这样的划分并不存在实际意义，因此在 C 4.5 对其改进中，采用了信息增益率这一度量方式，解决了这一问题。

3. 分类与回归树

分类与回归树（Classification And Regression Tree，CART）算法诞生于 20 世纪 80 年代中期。从本质来讲，CART 和 CHAID 的划分思想相同，两种方法在进行每一层的划分时都基于对所有自变量的检验和选择。同时，两者又具有很大的区别，CART 即先让树尽可能地生长，然后再进行树的修剪，着重于整体优化，最后其产生的决策树属于二叉树，在树的生长过程中，同一个自变量可以反复使用。CHAID 则是采用了局部最优原则，即节点之间互不相干，一个节点确定了以后，下面的生长过程完全在节点内进行。

CART 算法选择变量运用基尼系数作为不纯度指标。基尼系数（Gini Coefficient），是 20 世纪初意大利经济学家基尼提出的，取值范围为［0，1］，是根据劳伦茨曲线所定义的用来综合考察居民内部收入分配差异状况的一个重要指标。

在 CART 算法中，用基尼系数来评价数据分区或训练元组集的不纯度，即一个随机选中的样本被分错的概率，可以表示为：

$$\text{Gini}(D) = 1 - \sum_{i=1}^{N} \frac{D_i}{D} p_i^2 \tag{6.6}$$

式中，p_i 是 D 中任意元组属于 C_i 的概率，用 $|C_{i,D}| / |D|$ 进行估计。

（三）决策树的优势与不足

首先，决策树具有相当直观的特点，这是其被广泛应用的主要原因之一；其次，决策树的应用速度快，对于区间型变量和类别型变量同样能够处理；再次，决策树对于缺失值、异常值以及数据分布不敏感，还可以同时处理线性和非线性的关系；最后，决策树还可以为其他算法挑选自变量，这也是相比其他算法来说具有的极大的优势。

同样，决策树也具有缺点和不足。第一，决策树不适用于连续的目标变量；第二，当具有相当多类型的自变量时，决策树容易出现过拟合的情况；第三，在目前的决策树算法中，还没有比较丰富的检测指标和评价方法，使决策树在一些领域的应用受到了限制。

（四）决策树的应用场景

在具体的数据挖掘业务中，决策树主要用来进行分类和预测。比如用户行为的预测、划分等，在经济领域，还可以应用于风险的决策评估。另外，决策树算法还可应用于数据挖掘前期的变量选择，筛选出具体的有效输入变量。

二、关联规则

关联规则是在数据挖掘领域中一种重要的、应用广泛的模型，其最终目标是识别出数据集中的频繁模式，这里的频繁模式指的是多次重复出现的模式以及并发关系，称为关联。

（一）关联规则的定义

关联规则反映了事物之间的相互依赖性或关联性。最初的关联规则是针对购物篮分析问题提出的，比如针对分店经理想更多地了解顾客的购物习惯的问题。

一般来说，关联规则是一种蕴含式，可以用数学表达 $X \rightarrow Y$，X 是关联规则的先导，Y 是后继。按照美国伊利诺伊大学香槟分校教授韩家炜对关联规则的定义可以描述为：

对于一个交易数据库 D，假设 $I = \{I_1, I_2, \ldots, I_m, \}$ 是项的集合，其中每个事务 t 是，I 的非空子集，即每一个交易都与一个唯一的标识符 TID（Transation ID）对应。关联规则在 D 中的支持度定义为数据库 D 中事务同时包含 X、Y 的百分比；置信度定义为 D 中事务已经包含 X 的情况下，包含 Y 的百分比。如果结果满足人为设定的最小支持度阈值和最小置信度阈值，则认为关联规则是有意义的。

（二）关联规则的分类

关联规则主要可分为 3 类，即基于处理的变量类型不同、数据的取样层次不同、基于涉及的数据维度不同进行的关联规则处理。下面对这 3 种类型进行简单分析。

1. 处理的变量类型不同

关联规则处理的变量类型可以分为数值型和布尔型。数值型关联规则可以和多维关联或多层关联规则结合起来，对数值型字段进行处理，可以将其进行动态划分，也可以直接对原始数据进行处理，另外，数值型关联规则中也可以存在种类变量；布尔型关联规则处理的值是离散的、种类化的，它显示了这些变量之间的关系。

2. 数据的取样层次不同

根据数据的抽象层次不同，可以分为单层关联规则和多层关联规则。在单层的关联规则中，变量不考虑数据的层次性；而在多层的关联规则中，对现实数据的层次性进行了充分的考虑。

3. 涉及的数据维度不同

根据关联规则中的数据的维度不同，可以分为单维的关联规则和多维的关联规则。单维的关联规则只涉及数据的一个维，只处理单个属性中的一些关系；而在多维的关联规则中，要处理的数据将会涉及多个属性，处理各个属性之间的关系。

（三）关联规则的相关算法

1. 经典 Apriori 核心算法

比较经典的挖掘算法几乎都是基于 Apriori 算法改进后的算法，这些算法在关联规则挖掘中扮演着非常重要的角色，具有里程碑的意义。Apriori 算法采用了每层依次搜索的迭代方法，其中的 k 项集由 $(k-1)$ 项集探索寻找得到，具体步骤如下。

（1）全面扫描数据库，累加计算每一个项的计数，同时也收集满足最小支持度的项，并找出频繁 1 项集的集合，记为 L_1。

（2）用已经找出的 L_1 寻求出频繁 2 项集的集合，记为 L_2，接着使用 L_2，找出 L_3，依此类推。

（3）按照这样不断迭代，直到再不能找到频繁 k 项集，再找出每一个 L_k，时都需要完整扫描一次数据库。

为了改进和提高逐层生成频繁项集的效率，Apfiofi 算法采用一种称为先验性质的重要性质来压缩搜索空间。先验性质是指频繁项集的那些非空的子集也都必须是频繁的。利用已知的 L_{k-1} 项集来查找 L_k 项集，这个过程包括连接和剪枝两个步骤。

1）连接。首先，通过让 L_{k-1} 与自身连接生成候选 k 项集的集合，记该候选项集的集合为 G_k，设 l_1 和 l_2 是 L_{k-1} 中的项集。用记号 l_u 表示 l_i 的第 j 项。在 Apriori 算法中，约定事务或项集中的项按照字典排序法排序，以便更加有效地实现；其次，对于 $(k-1)$ 项集 l_i，把相应的项进行排序，使得 $l_{i1} < l_{i2} < l_{i3} < \cdots < l_{i(k-1)}$ 并执行自身的连接：$l_{k-i}l_{k-1}$；再者，若 l_{k-i} 的元素是能进行连接，当它们的前 $(k-2)$ 个项是相同的，则 l_{k-i} 的元素，l_1 和 l_2 是可连接的。

当存在 $(l_{11} = l_{21}) \cap (l_{12} = l_{22}) \cap (l_{13} = l_{23}) \cap \cdots \cap (l_{1(k-2)} = l_{2(k-2)}) \cap (l_{1(k-1)} = l_{2(k-1)})$ 时，由于在 $[l_{1(k-1)} < l_{2(k-1)}]$ 情况下能简单地保证不产生重复，故连接 l_1 和 l_2 产生的项集为 $\{l_{11}, l_{12}, l_{13}, \cdots, l_{1(k-1)}, l_{2(k-1)}\}$。

2）剪枝。记 G_k 是 L_k 的超集，即 G_k 的元素可以是也可以不是频繁的，但所有的频繁 k 项集都包含在 G_k 中，扫描数据库，确定 G_k 中每个候选集的计数，进而确定 L_k。

由于 Apfiofi 算法通过多次扫描数据库并限制候选产生发现频繁项集，因此会产生大量的候选项集，这也使得算法的效率变低，这是此算法一个致命的缺点。在后续的研究中，J. Han 等提出了不产生候选挖掘频繁项集的方法：FP-树频集算法。这种算法在经过第一遍扫描之后，把数据库中的频集压缩进一棵频繁模式树（FP-tree），同时依然保留其中的关联信息，随后再将 FP-tree 分化成一些条件库，每个库和一个长度为 1 的频集相关，然后再对这些条件库分别进行挖掘。当原始数据量很大时，也可以结合划分的方法，使得一个 FP-tree 可以放入主存中。FP-growth 算法不仅对不同长度的规则都有很好的适应性，同时在产生频繁项集时不产生候选项集，很大程度上提高了挖掘的效率。

2. 改进频集算法

（1）散列算法。散列算法在 1995 年被 Park 等提出。算法的核心思想是：通过扫描数据库中每个事务，由 C_1 中的候选 1 项集产生频繁 1 项集 L_1 时，将每个事务产生所有的 2 项集散列到散列表结构的不同桶中，并增加对应的桶计数，当散列表中对应的桶计数低于支持度阈值的 2 项集时，将其从候选 2 项集中删除，这样就可大大压缩需要考虑的 2 项集。

（2）选样算法。选样算法的核心思想是：给定数据的一个子集进行挖掘。Mannila 等考虑了前一遍扫描得到的信息结果并进行组合分析，提出一个改进的算法，得出了采样是发现规则的一个有效途径的结论。在随后的研究中，Toivonen 等进一步发展了这个思想，先使用从数据库中抽取出来的采样得到一些在整个数据库中可能成立的规则，然后对数据库的剩余部分验证这个结果。Toivonen 的算法相当简单并显著地减少了 I/O 代价，但存在一个很大的缺点就是产生的结果不精确，即存在所谓的数据扭曲（Data Skew）。分布在同一页面上的数据时常是高度相关的，可能不能表示整个数据库中模式的分布，由此而导致的是采样 5% 的交易数据所花费的代价可能同扫描一遍数据库相近。

（3）划分算法。划分算法由 Savasere 等提出，算法首先把数据库从逻辑上分成几个互不相交的块，单独考虑某个分块并对它生成所有的频集；接着，把上一步中产生的频集合并，用来生成所有可能的频集；最后，计算这些项集的支持度。

特别说明，在第一步中分块的大小选择要考虑主存的大小情况，保证每个分块可以被放入主存，并且每个阶段只被扫描一次。另外，算法的正确性是由每一个可能的频集至少在某一个分块中是频集保证的。与前面讨论的算法不同的是，划分算法可以高度并行，并且能够把每一个分块分别分配给某一个处理器生成频集。产生频集的每一个循环结束后，处理器之间进行通信来产生全局的候选 k-项集，而通信过程是算法执行时间内需要解决的难题。而每个独立的处理器生成频集的时间也是一个较困难的瓶颈。

（4）动态项集计数算法。动态项集计数算法由 Brin 等提出，此算法创新性地将数据库划分为标记开始点的块。与 Apriori 经典算法不同的是，动态项集计数算法可以在任何开始点添加新的候选项集，并且可以实现被计数的所有项集的支持度的动态评估。另外，该算法需要扫描数据库的次数比起 Apriori 算法来说得到了较好的改善。

（5）杂凑算法。杂凑算法是一种可以高效地产生频集的方法，由 Park 等提出。实验证明，寻找频集主要的计算是在生成频繁 2-项集 L_k 上，而提出者 Park 等就是利用了这个性质引入杂凑技术来改进产生频繁 2-项集的方法。

（6）压缩算法。Agrawal 等提出了进一步压缩迭代扫描的事务数的算法。由于不包含任何 k 项集的事务，也不可能包含任何 $(k+1)$ 项集，因此可在这些事务上加上删除标志，再次进行数据库扫描时进行忽略处理。

（四）关联规则的优势与不足

关联规则算法不仅能够分析处理数值型的数据，并且对于纯文本文档和网页文件的处理也有较好的效果。另外，关联规则在分类过程中不仅能够判定对象的类别，还能给出对象属于该类别的概率，因此对于非确定问题也能够较好地处理。

但再优越的算法也必定存在限制和不足，比如基于频集的关联规则分类算法会受数据集的规模影响，规模增大时，处理时间也会迅速增加。另外，模糊关联分类算法在目前处于初步发展阶段，但对于关联规则与模糊理论的结合仍然比较粗糙，在分类的效率和效果上都还存在不足。

（五）关联规则的应用场景

关联规则相对一些算法来说，其不仅可以分析数值型数据，也可以对纯文本数据以及网页文件数据进行分析和处理。在具体的数据挖掘应用中，通过对网页词组数据的分析，发现其中的关系，因此常常应用于页的数据挖掘以及 Web 搜索、网页推荐等。

第七章　数据挖掘的艺术

影响数据挖掘价值的因素很多，除了技术方面的因素之外，还包括分析师本人对于数据挖掘的理解、态度、意识、商业敏感度等方面，从某种意义上来说，后面的几个因素对数据挖掘成果的影响要远远超过纯技术层面因素的影响。可以说，数据挖掘是艺术与技术的集合，而且艺术的成分往往起决定性的作用，这种艺术往往就体现在分析师对数据、商业、技术的理解和掌控上。本章主要探讨分析师在数据挖掘项目实施的过程中对各方面把握的艺术。

第一节　数据挖掘目标确立的艺术

一、数据挖掘中的商业意识

数据挖掘目标都是为了产生商业决策，数据能从各个维度为管理层提供决策的依据，比如通过数据分析进行库存控制、价格调节、选择产品组合、设计产品套餐和产品推荐方式等，所有这些都是整体商业决策的一部分。并且，数据挖掘的商业目标直接决定着随后的数据准备、建模、评估等环节，所以确定数据挖掘目标在数据挖掘中至关重要。

确定数据挖掘的目标更多依靠的是对数据的敏感度和对商业的理解，更确切地说是商业意识。商业意识是指一种能够贯穿于商业环节的思维方法，一般包括市场洞察力（发现商机或商业问题）、商业反应能力（制定相应的商业策略）和商业执行能力。商业意识既跟数据挖掘技能有关，又跟技能有很大的区别，主要表现在意识的层面和技能的层面；数据挖掘技能很容易学习，无论是软件的操作、算法的培训，还是工具的使用，只要按照特定方法，按部就班地按照教学计划的安排去学习，总有完成和掌握的那一天，并且不需要花费太多的时间。但是，商业意识的培养和具备却并没有如此的简单和直接，它跟每个人的兴趣有关，跟天生的特长也有关。商业意识虽然可以刻意去培养，但是其培养难度远大于对分析技能的培养。当分析师看到一堆数据，如果能很快想到背后的商业价值和商业应用场景，那表明这位分析师具有了一定的商业意识。举例来说，某网站上婴儿纸尿布的销量增加明显，分析师发现了这个现象，然后预测婴儿奶粉的销量也将随着上升，那就说明他具有了一定的商业意识。

二、从商业意识到数据挖掘目标

商业意识在更多的情况下只是停留在意识层面，就是有很多想法，但对于一个具体的数据挖掘项目，要尽量明确目标，以便于数据挖掘项目的实施。所以在确定数据挖掘目标时，就是要将项目干系人的商业意识经过认真的过滤、探索、考证等过程，最终确定成更具体、更可行的数据挖掘目标。

那么如何将海阔天空的商业意识转成实实在在的商业目标呢？一种比较有效的方法就是头脑风暴。

头脑风暴（Brainstorming）指一群人（或小组）围绕一个特定的兴趣或领域，进行创新或改善，产生新点子，提出新办法。当一群人围绕一个特定的兴趣领域产生新观点时，由于会议使用了没有拘束的规则，人们就能够更自由地思考，进入思想的新区域，从而产生很多的新观点。当参加者有了新观点和想法时，他们就大声说出来，然后在他人提出的观点之上建立新观点。对于数据挖掘项目来说，这种观点都是商业意识的几种反应，通过头脑风暴，更具有生命力的商业意识逐渐沉淀下来，形成了大多数人认可的数据挖掘的目标。应该说，头脑风暴加上会议讨论是确定数据挖掘目标的有效方法。可以说，在数据挖掘中，商业意识本身就是一种对数据理解的艺术，而确定数据挖掘的目标，是通过一种艺术的方法将艺术进一步凝练的过程。

三、商业意识的培养艺术

对于商业意识，一部分是先天所具有的，但更多的部分是需要后天培养的。多学习，多思考，多实践，所谓勤能补拙是良训，这些话说起来容易，真正培养商业意识时似乎没这么简单，因为还应具备另外一个条件，那就是兴趣和爱好。如果自己对于商业分析和商业应用的兴趣不大，那么无论多么努力，效果也不会好到哪里。也就是说，只有发自内心地爱好商业分析和商业应用，才可能培养出浓厚的商业意识。具有浓厚的商业意识是数据分析师的核心竞争力之一。

第二节　数据挖掘应用技术的艺术

一、技术服务于业务的艺术

数据挖掘的本质是来源于业务需求，服务于业务需求，脱离业务，那数据挖掘和数据分析也就没有存在的价值和意义了。道理看上去是不是非常简单直白？但是不少数据分析师在工作中还是有意无意地表现出了轻视业务的态度。技术很重要，数据挖掘离不开技术。非结构化是大数据的一大特点，面对海量的非结构化数据，对技术的要求越来越高。人工智能、机器学习的需求增多，以及对数据预处理的要求也日益提高。但是从整体的数据挖掘过程来看，技术及技术人员在其中扮演的应该是辅助的角色。技术是从不断的数据挖掘过程中逐渐提炼出来的模型，它本身就是在业务的不断变化中演变出来的，也必须随着业务变化不断调整。

为了让数据挖掘项目有意义，不脱离实际。数据分析师可从以下几个方面规避技术人员对业务理解的不足。

（1）多倾听业务人员对业务的理解和看法。这样一来，就可以熟悉业务背景，了解业务流程，知道业务团队和业务人员是如何思考他们业务的，进而促使数据分析师逐渐向业务靠拢，逐渐培养其与业务团队的"共同语言"，最终推进数据分析师的思路、技术、方案与业务方融合。在实践中，笔者多次发现，在与某些业务人员进行交流后，发现这些业务人员对任务的理解和认识已经相当深刻，他们可以根据现有的业务关系，准确判断业务之间的关联关系、数量关系，以及他们对数据有哪些宝贵的认识。这样，通过与他们进行交流后，就能比较容易地确定数据挖掘项目的商业目标，快速锁定数据挖掘的重要数据、重要关系，从而轻松得到有价值的数据挖掘结果。更不可思议的是，这些挖掘结果跟某些业务人员的推算一致。所以说，与业务人员进行交流是提高数据挖掘项目效率和效果非常实用的方法。

（2）多运用机理分析的方法对业务和数据进行分析。机理分析是通过对系统内部原因（机理）的分析研究，从而找出其发展变化规律的一种科学研究方法。这种方法常常与科学研究的演绎法配合使用，相辅相成，在科学发展的历史上起到了巨大的作用。例如，万有引力定律的发现和相对论的创立，可以说几乎所有物理理论的建立都离不开机理分析。其实，在数据挖掘中，如果借助机理分析，能够保证快速厘清所研究数据对象之间的相关性和逻辑关系。比如，现在要帮助一家银行向目标客户推荐理财产品，那么如何利用数据挖掘提高推荐的成功率呢？可以运用机理分析的方法分析客户购买理财产品的行为：首先分析客户购买理财产品的原始动力，因为有稳定的积蓄，为了提高收益，才购买理财产品。这样就可以确定客户的家庭储蓄是个重要的因子，体现在变量上就是这个客户在这家银行的存款，以及存款的历史记录。然后就可以从数据库中查找已经购买各种理财产品的客户的存款以及最终购买的产品类型，这样就可以用这些数据训练一个简易的分类模型去确定向客户推荐哪类理财产品合适了。

（3）通过各种知识媒介，比如书籍、网络了解相关业务，提高自己的知识面和对业务理解的深度，从根本上提高"内功"，这样可以增大对业务理解的正确率，同时自然也增强了数据挖掘项目的有效性。

二、算法选择的艺术

在数据挖掘项目实施的过程中，经常需要对算法进行选择。因为在数据挖掘中，存在多和算法，即便是一个分类问题，也存在十余种可供选择的算法，见表7-1。

表 7-1　数据挖掘算法

数据挖掘	关联	Apriori、FP-Growth
	回归	一元、多元、逐步、Logistic
	分类	K-近邻、贝叶斯、神经网络、Logistic、判别分析、SVM
	聚类	K-means、层次聚类、神经网络、高斯混合
	预测	灰色、马尔科夫
	诊断	统计、距离、密度、聚类

那如何选择合适的算法呢？有些数据分析师总喜欢使用高级的算法，持有这种观念的分析师，会过分追求所谓尖端的、高级的、时髦的、显示自己技术水准的数据分析挖掘技术，认为算法越高级越好，越尖端越厉害。在面临算法选择时，这类分析师首先想到的是选择一个最尖端的、最高级的算法，而不是从课题本身的真实需求出发去思考最合理、最有性价比的算法。

任何一个数据挖掘项目，至少都会有两种以上的不同分析技术和分析思路。不同的分析技术常常需要不同的分析资源投入，还需要不同的业务资源配合，而产出物也有可能是不同精度和不同表现形式的。这其中孰优孰劣，根据什么做判断呢？是根据项目、课题本身的需求精度、资源限制（包括时间资源、业务配合资源、数据分析资源投入）等来做判断和选择，还是按照分析技术的高级与否做判断和选择？不同的考虑方式和选择结果，决定着项目的资源投入和对业务需求满足的匹配程度，一味选择尖端的、高级的算法和分析技术很可能会造成项目资源投入的浪费，并且很可能不是最适合业务需求的方案。在很多时候，无论从投入还是效果考虑，一些常规、简单的算法反而更实用。比如同样是对某个问题使用 SVM 算法来进行分类，因为 SVM 核函数有多种，选择合适的核函数是关键。一般情况下，平面的核函数最有效，但一些分析师总是喜欢使用高次的、径向的等复杂的核函数，虽然测试的正确率比较高，但对数据的外推性就往往比较差，此时还不如选择一般的平面核函数，既容易实现，也比较稳定。

追求算法的准确和先进本身没有错，但是一味强调算法的先进性，忘记了业务因素对分析项目的决定性影响，忘记了数据挖掘是为业务服务、满足业务需求的根本宗旨，实际上就是本末倒置、舍本逐末，其实践后果通常就是浪费了分析资源，或者丢掉了最佳性价比的方案。所以在选择算法时，还要根据项目的本身特征，并结合算法的适应性和优缺点，从而选择最合适的算法。

三、与机器配合的艺术

数据挖掘项目是个系统工程，需要靠人与计算机相互配合才可以完成，这里面就会有个问题，人与计算机如何分工、协调才合适呢？有些分析师认为计算机（分析软件）是可以最大限度（甚至几乎可以完全）代替分析师手工劳动的，于是，即使在很多关键的需要人工介入的步骤和节点，数据分析师仍然简单、轻率地交给机器去处理，盲目、过分地依赖机器的"智能"。其主要的表现形式就是，数据分析师拿了一堆分析数据，不加任何处理（或者只做了简单的处理）就交给机器（分析软件）去自动完成模型搭建，然后直接拿这个去交差。这种数据挖掘方式，对于一些成熟的模式还有些意义。但对于新的数据挖掘项目，是不可取的。

在数据挖掘项目中，80%的时间是花在数据的熟悉、清洗、整理、转换等数据处理阶段的，在这个阶段虽然计算机（分析软件）可以大量取代分析师手工进行规范化的、重复性的工作，但是仍然有相当多关键性的工作是需要分析师手工进行的，比如计算机最多可以告诉人们数据的分布统计特征、变量之间的相关性，但是背后隐藏的是什么样的业务逻辑，如何取舍这些变量等核心的问题是需要分析师去判断去决定的；又比如，现在很多分析（挖掘）软件都有默认（Default）的参数设置，但是实际上这些默认的设置并不能有效符合任何一个特定的、具体的数据分析课题场景。因此在具体的数据建模过程中，各种算法的参数如何设置，选择哪种算法最合适等这些重要的问题，都是需要数据分析师凭借自己的专业水平和项目经验去作出判断和决定。上述种种场景都说明了，数据分析和数据挖掘建模过程中，纵然有先进的分析（挖掘）工具，但是数据分析师人工的投入和判断仍然是必不可少的，经常需要手工进行探索。

所以说人的参与在整个数据挖掘项目中是必不可少的，而且是非常关键的。分析师应该具有驾驭计算机的能力、实现人与机器的有机配合。那么如何实现这种默契的配合呢？其实与计算机的配合和与团队其他人员的配合的根本逻辑是一致的，就是"各取其长，各避其短"，更直白地说就是要各自发挥自己的长处。计算机拥有超强的计算能力，可以运行各种不同的程序，这是人类不具有的；同样，人类的创新能力，自我思考，也是计算机所不具有的，计算机只能按照事先设定好的程序、规则进行各种运算，不能变通。纵然各有所长，但是人在项目中充当的角色是主人，计算机只是辅助，所以一定要充分发挥人的管理、协调、决策、思考的能力，从容、轻松地驾驭计算机，从而达到人与机器的紧密协作，去完成整个数据挖掘项目。

第三节　数据挖掘中平衡的艺术

一、客观与主观的平衡艺术

数据和数据挖掘是客观的，那么数据分析师面对分析和结论时也应该是客观的。但是，在数据挖掘项目实施的过程中，优秀的数据分析师会在客观的基础上，抱有一定的主观态度。这里的主观主要体现在以下几个方面。

数据分析师对于分析的目标和分析的产出物应该有自己主观上的预判，并且优秀的数据分析师所做的这些主观上的预判通常都会被后期的事实所验证（证明是正确的）。这种主观其实就是数据分析师经验和能力的体现，即所谓的胸有成竹。这种预判上的主观可以有效提升具体商业实战中的分析效率，能更好地支持商业需求。当然，这里的主观也绝对不是自以为是的主观，这里的主观也是要经过后期的商业实践检验的。当数据分析师的主观预判一而再、再而三地被商业实战证明是正确的，能说这种能力不是数据分析师的核心竞争力吗？对于一个分析需求是否合理，如何更合理地修正分析需求，分析中会出现什么具体的数据方面的难题，基于现实的数据质量如何，模型大致可以达到怎样的预测精度范围等，诸如此类的商业分析问题，一名优秀的数据分析师是可以很快给出其主观判断的，并且这些主观判断通常会在后期的商业实践中得到检验。

什么样的主观是合理的，什么样的主观是盲目的，用文字来定义常常容易引起歧义，正如世界上很多事情都只可意会，难以准确言传一样，关于主观的分寸把握还是要依赖于具体的数据分析师的经验和情商。当数据挖掘分析师能够熟练地穿越于客观与主观之间，当主观与客观能有效地在数据挖掘的实践中得到检验和回报时，他已经是个当之无愧的高级数据分析师了。

二、数据量平衡的艺术

最近两年产生并记录的数据，总量占到人类文明以来所有数据总和的90%。云平台源源不断地记录着一切有价值的信息，世界和万物的变化数据变成一座"自动生长"的金矿，数据挖掘技术则负责从矿山中挖出金子。不可能把整个数据集都放入到数据挖掘计划中，必须选择所需要的数据，必须确保数据的正确性，因为如果没有投入正确的数据，技术就很可能不奏效。从统计学的角度，以往因为无法预计总体，所以需要抽样，当有足够的数据时，是不是就不需要抽样了呢？如果有抽样就意味着有抽样误差，而如果没有了抽样，很多情况数据量实在是太大，真如同大海捞针。抽样实际上考虑的是数据的量，那么在大数据时代，如何把控数据的量呢？

对此存在许多争论。但一般认为，在绝大多数情况下，还是需要对数据样本进行抽样，一是真的很难将如此多的数据纳入挖掘技术，二是目前的计算机也很难快捷地处理那么多的数据。其实大数据挖掘和抽样并不矛盾，抽样是个高效便捷的方法论，越大的数据越需要抽样，只是对抽样的要求会更高。分布式（Map-Reduce 等）和实时处理（流计算、内存计算）的发展，让大规模数据分析成为可能。但从效率和成本的角度考虑，适当和合理的抽样也是有必要的。就像两个极端，而数据分析师们总是要找到一个平衡点。

　　大数据，其显性特征是超出一般算法或一般硬件计算处理能力的"大"规模数据；其伴随的另一个特征，就是拥有足以刻画样本特征空间以外的"超额"样本。前者显性特征推动了并行/云计算的软硬件发展，后者则从商业模式和数据分析的方法论层面推动了行业变化。怎么理解这些"超额的样本"带给人们的价值呢？显然，通过数据刻画对象的全局特征，获得全体统计规律及关联规则并不需要这些"超额的样本"，因此才有"大数据是不是越多越好""大数据是否需要抽样"这样的辩论，这是在大数据时代之前关心的问题。可以说，纠结于这些问题的人还未触及大数据的核心价值。大数据时代之前，人们处理的是小样本或适度抽样后的小数据进行群体规律的知识发现；在大数据时代，人们依赖从小样本挖掘出的或原本就已知的经验规则，并通过搜索海量样本数据发现目标个体来兑现商业价值，或直接从海量的数据中挖掘尚未发现的规则，来拓展更广泛的商业价值。

　　所以，纵然在大数据时代，数据分析师不能盲目地对"大数据"进行挖掘，否则会陷入"超额的样本"中。既然在大数据时代之前，人们已经可以从数据中找到很多有价值的知识，那么在大数据时代，人们更可以从容地发现更多的知识，因为大数据丰富了人们的素材，人们是用大数据，但不可以被大数据淹没，迷失了方向。那么如何做到合理使用大数据，合理控制大数据的量呢？优秀的数据分析师可以根据商业目标、自己的需要、数据源的情况，确定需要挖掘的数据的量，如果数据源的数据过多，则需要抽样。很多情况下，抽样并不能一步到位，而是在数据准备的过程中，不断进行分级抽样，直到满足建模的要求为止。在整个抽样的过程中，都需要分析师的主观决策，这种决策就需要分析师综合多方面的考虑去裁决，很多情况下，这也是种艺术。总之有利于数据挖掘项目实施的，都是合理的。

第四节　理性对待大数据时代

一、发展大数据应避免的误区

（一）要高度关注构建大数据平台的成本

目前全国各地都在建设大数据中心，某个小城都建立了容量达2PB 以上的数据处理中心。数据挖掘的价值是用成本换来的，不能不计成本，盲目建设大数据系统。什么数据需要保存，要保存多少时间，应当根据可能的价值和所需的成本来决定。大数据系统技术还在研究之中，美国的 E 级超级计算机系统要求能耗降低 1000 倍，计划到2024 年才能研制出来，用现在的技术构建的巨型系统能耗极高。不需要太关注大数据系统的规模，而是要比实际应用效果，比完成同样的事消耗更少的资源和能量。先抓人们最需要的大数据应用，因地制宜地发展大数据。发展大数据与实现信息化的策略一样：目标要远大、起步要精准、发展要快速。

（二）不要盲目追求"数据规模大"

大数据的主要难点不是数据量大，而是数据类型多样。现有数据库软件解决不了非结构化数据的问题，因此要重视数据融合、数据格式的标准化和数据的互操作。采集的数据往往质量不高是大数据的特点之一，但尽可能地提高原始数据的质量仍然值得重视。一味追求"数据规模大"不仅会造成浪费，而且效果未必很好。多个来源的小数据的集成融合可能挖掘出单一来源大数据得不到的大价值。应多在数据的融合技术上下功夫，重视数据的开放与共享。所谓数据规模大与应用领域有密切关系，有些领域几个 PB 的数据未必算大，有些领域可能几十 TB 已经是很大的规模。发展大数据不能无止境地追求"更大、更多、更快"，要走低成本、低能耗、惠及大众、公正法治的良性发展道路，要像现在治理环境污染一样，及早关注大数据可能带来的"污染"和侵犯隐私等各种弊端。

（三）不能舍弃"小数据"方法

"大数据"的一种定义是无法通过目前主流软件工具在合理时间内采集、存储、处理的数据集。这是用不能胜任的技术定义问题，可能导致认识的误区。按照这种定义，人们可能只会重视目前解决不了的问题。其实，目前各行各业碰到的数据处理多数还是"小数据"问题。应重视实际碰到的问题，不管是大数据还是小数据。统计学家们花了200多年，总结出认知数据过程中的种种陷阱，这些陷阱不会随着数据量的增大而自动填平。大数据中有大量的小数据问题，大数据采集同样会犯小数据采集一样的统计偏差。Google公司的流感预测这两年失灵，就是由于搜索推荐等人为地干预造成统计误差。大数据界有一种看法：大数据不需要分析因果关系、不需要采样、不需要精确数据。这种观念不能绝对化，实际工作中要逻辑演绎和归纳相结合、白盒与黑盒研究相结合、大数据方法与小数据方法相结合。

（四）避免技术驱动，而要应用为先

新的信息技术层出不穷，信息领域不断冒出新概念、新名词，估计继"大数据"以后，"认知计算""可穿戴设备""机器人"等新技术又会进入炒作高峰。人们习惯于跟随热潮，往往不自觉地跟着技术潮流走，最容易走上"技术驱动"的道路。实际上发展信息技术的目的是为人服务，检验一切技术的唯一标准是应用。技术有限，应用无限。

二、大数据价值的正确解读

大数据的兴起引发了新的商业和研究模式："商业和科学始于数据"。从认识论的角度看，大数据分析方法与"科学始于观察"的经验论较为接近。在强调"相关性"时不要怀疑"因果性"的存在；在宣称大数据的客观性、中立性时，不要忘了不管数据的规模如何，大数据总会受制于自身的局限性和人的偏见。不要相信这样的预言：

"采用大数据挖掘，你不需要对数据提出任何问题，数据就会自动产生知识。"面对像大海一样的巨量数据，数据分析师最大的困惑是想捞的"针"是什么？这海里究竟有没有"针"？对于这些困惑和疑问，需要理性面对，而理性对待大数据时代，首先要正确认识大数据的价值，可以从以下几个方面客观认识大数据的价值。

（一）大数据的价值主要体现在其驱动效应上

人们总是期望从大数据中挖掘出意想不到的"大价值"。实际上大数据的价值主要体现在它的驱动效应，即带动有关的科研和产业发展，提高各行各业通过数据分析解决困难问题和增值的能力。大数据对经济的贡献并不完全反映在大数据公司的直接收入上，应考虑对其他行业效率和质量提高的贡献。电子计算机的创始人之一冯·诺依曼曾指出："在每一门科学中，当通过研究那些与终极目标相比颇为朴实的问题，发展出一些可以不断加以推广的方法时，这门学科就得到了巨大的进展。"不必天天期盼奇迹出现，多做一些"颇为朴实"的事情，实际的进步就在扎扎实实的努力之中。"啤酒加尿布"的数据挖掘经典案例，虽然说明大数据分析本身比较神奇，但在大数据中看起来毫不相关的两件事同时或相继出现的现象比比皆是，关键是人的分析推理找出为什么两件事物同时或相继出现，找对了理由才是新知识或新发现的规律，相关性本身并没有多大价值。

（二）大数据的优势来自学科的整合

每一种数据来源都有一定的局限性和片面性，只有融合、集成各方面的原始数据，才能反映事物的全貌。事物的本质和规律隐藏在各种原始数据的相互关联之中。不同的数据可能描述同一实体，但角度不同。对同一个问题，不同的数据能提供互补信息，可对问题有更深入的理解。因此在大数据分析中，尽量汇集多种来源的数据是关键。数据科学是数学（统计、代数、拓扑等）、计算机科学、基础科学和各种应用科学融合的科学，是各学科的集成。同样，对数据来说，单靠一种数据源，即使数据规模很大，也可能出现"瞎子摸象"一样的片面性。数据的开放共享不是锦上添花的工作，而是决定大数据成败的必要前提。大数据的研究和应用要改变过去各部门和各学科相互分割、独立发展的传统思路，重点不是支持单项技术和单个方法的发展，而是强调不同部门、不同学科的协作。数据科学不是垂直的"烟囱"，而是像环境、能源科学一样的横向集成科学。

（三）大数据有着光明的前景，但近期不能期望太高

交流电问世时主要用作照明，根本想象不到今天无处不在的应用。大数据技术也一样，将来一定会产生许多现在想不到的应用。不必担心大数据的未来，但近期要非常务实地工作。人们往往对近期的发展估计过高，而对长期的发展估计不足。大数据与其他信息技术一样，在一段时间内遵循指数发展规律。指数发展的特点是，从一段历史时期衡量（至少30年），前期发展比较慢，经过相当长时间（可能需要20年以上）的积累，会出现一个拐点，过了拐点以后，就会出现爆炸式的增长。但任何技术都不会永远保持"指数性"增长，一般而言，高技术发展遵循一定的技术成熟度曲线（Hype Cycle），最后可能进入良性发展的稳定状态或者走向消亡。

需要采用大数据技术来解决的问题往往都是十分复杂的问题，比如社会计算、生命科学、脑科学等，这些问题绝不是几代人的努力就可以解决的。宇宙经过百亿年的演化，才出现生物和人类，其复杂和巧妙堪称绝伦，不要指望在一代人手中就能彻底揭开其奥妙。展望数百万年甚至更长远的未来，大数据技术只是科学技术发展长河中的一朵浪花，对10～20年大数据研究可能取得的科学成就不能抱有不切实际的幻想。

三、大数据应用面临的挑战分析

大数据技术和人类探索复杂性的努力有密切关系。集成电路、计算机与通信技术的发展大大增强了人类研究和处理复杂问题的能力。大数据技术将复杂性科学的新思想发扬光大，可能使复杂性科学得以落地。复杂性科学是大数据技术的科学基础，大数据方法可以看作复

杂性科学的技术实现。大数据方法为还原论与整体论的辩证统一提供了技术实现途径。大数据研究要从复杂性研究中吸取营养，扩大自己的视野，加深对大数据机理的理解。大数据技术还不成熟，面对海量、异构、动态变化的数据，传统的数据处理和分析技术难以应对，现有的数据处理系统实现大数据应用的效率较低，成本和能耗较大，而且难以扩展。这些挑战大多来自数据本身的复杂性、计算的复杂性和信息系统的复杂性。

（一）数据复杂性引起的挑战

图文检索、主题发现、语义分析、情感分析等数据分析工作十分困难，其原因是大数据涉及复杂的类型、复杂的结构和复杂的模式，数据本身具有很高的复杂性。目前，人们对大数据背后的物理意义缺乏理解，对数据之间的关联规律认识不足，对大数据的复杂性和计算复杂性的内在联系也缺乏深刻理解，领域知识的缺乏制约了人们对大数据模型的发现和高效计算方法的设计。形式化或定量化地描述大数据复杂性的本质特征及度量指标，需要深入研究数据复杂性的内在机理。人脑的复杂性主要体现在千万亿级的树突和轴突的链接，大数据的复杂性也主要体现在数据之间的相互关联。理解数据之间关联的奥秘可能是揭示微观到宏观"涌现"规律的突破口。大数据复杂性规律的研究有助于理解大数据复杂模式的本质特征和生成机理，从而简化大数据的表征，获取更好的知识抽象。为此，需要建立多模态关联关系下的数据分布理论和模型，厘清数据复杂度和计算复杂度之间的内在联系，奠定大数据计算的理论基础。

（二）系统复杂性引起的挑战

大数据对计算机系统的运行效率和能耗提出了苛刻要求，大数据处理系统的效能评价与优化问题具有挑战性，不但要求厘清大数据的计算复杂性与系统效率、能耗间的关系，还要综合度量系统的吞吐率、并行处理能力、作业计算精度、作业单位能耗等多种效能因素。针对大数据的价值稀疏性和访问弱局部性的特点，需要研究大数据的分布式存储和处理架构。大数据应用涉及几乎所有的领域，大数据的优势是能发现稀疏而珍贵的价值，但一种优化的计算机系统结构很难适应各种不同的需求，碎片化的应用大大增加了信息系统的复杂性。为了化解计算机系统的复杂性，需要研究异构计算系统和可塑计算技术。大数据应用中，计算机系统的负载发生了本质性变化，计算机系统结构需要革命性的重构。信息系统需要从数据围着处理器转变为处理能力围着数据转，关注的重点不是数据加工，而是数据的搬运；系统结构设计的出发点要从重视单任务的完成时间转变到提高系统吞吐率和并行处理能力，并发执行的规模要提高到10亿级以上。构建以数据为中心的计算系统的基本思路是从根本上消除不必要的数据流动，必要的数据搬运也应由"大象搬木头"转变为"蚂蚁搬大米"。

（三）计算复杂性引起的挑战

大数据计算不能像处理小样本数据集那样做全局数据的统计分析和迭代计算，在分析大数据时，需要重新审视和研究它的可计算性、计算复杂性和求解算法。大数据样本量巨大，内在关联密切而复杂，价值密度分布极不均衡，这些特征对建立大数据计算范式提出了挑战。对于PB级的数据，即使只有线性复杂性的计算也难以实现，而且，由于数据分布的稀疏性，可能做了许多无效计算。传统的计算复杂度是指某个问题求解时需要的时间、空间与问题规模的函数关系，所谓具有多项式复杂性的算法是指当问题的规模增大时，计算时间和空间的增长速度在可容忍的范围内。传统科学计算关注的重点是，针对给定规模的问题，如何"算得快"。而在大数据应用中，尤其是流式计算中，往往对数据处理和分析的时间、空间有明确限制，比如网络服务如果回应时间超过几秒甚至几毫秒，就会丢失许多用户。大数据应用本质上是在给定的时间、空间限制下，如何"算得多"。从"算得快"到"算得多"，考虑计算复杂性的思维逻辑有很大的转变。所谓"算得多"并不是计算的数据量越大越好，需要探索从足够多的数据，到刚刚好的数据，再到有价值的数据的按需约简方法。基于大数据求解困难问题的一条思路是放弃通用解，针对特殊的限制条件求具体问题的解。人类的认知问题一般都是 NP 难问题，但只要数据充分多，在限制条件下可以找到十分满意的解，近几年自动驾驶汽车取得重大进展就是很好的案例。为了降低计算量，需要研究基于自举和采样的局部计算和近似方法，提出不依赖于全量数据的新型算法理论，研究适应大数据的非确定性算法等理论。

数据挖掘是个复杂的过程，是技术与艺术结合的过程，从数据挖掘艺术性的角度来说，数据挖掘具有人文的一面，包括如何确定商业目标，如何合理地运用技术服务于业务，如何处理数据挖掘中的种种平衡，以及如何理性地看待大数据时代。艺术是对技术的补充和升华，更直接地说就是数据挖掘的种种经验和理念，有了这些经验和理念，才可以更好地运用数据挖掘的技术，实现数据挖掘项目的目标。

第八章 数据挖掘的应用

本章将通过对数据挖掘在几个典型行业的项目案例进行分析，验证大数据时代中数据挖掘的重要性。

第一节 数据挖掘在银行信用评分中的应用
——以 AHP 法为例

数据挖掘在银行业的重要应用之一是风险管理，如信用评分。信用评分的目的是通过构建信用评分模型，评估贷款人或信用卡申请人的风险等级，从而为银行放贷、信用审批等业务提供决策支持。巴三（《巴塞尔协议》第三版）出来后，银行业更是加强了风险管理。巴三着眼于通过设定关于资本充足率、压力测试、市场流动性风险考量等方面的标准，从而应对在 2008 年前后的次贷危机中显现出来的金融体系的监管不足。同时，由于银行业的数据源在所有行业中也处于领先位置，具有完善丰富的数据库。所以在这样的背景下，依据数据挖掘方法实现银行客户信用评分，降低银行风险，对银行业来说就是一件可行而又有意义的事情。

一、AHP 法概述

层次分析法（Analytic Hierarchy Process，AHP）是美国运筹学家萨蒂（T. L. Saaty）等于 20 世纪 70 年代初提出的一种决策方法，它是将半定性、半定量问题转化为定量问题的有效途径，它将各种因素层次化，并逐层比较多种关联因素，为分析和预测事物的发展提供可比较的定量依据，它特别适用于那些难于完全用定量进行分析的复杂问题。因此在资源分配、选优排序、政策分析、冲突求解以及决策预报等领域得到了广泛的应用。

AHP 的本质是根据人们对事物的认知特征，将感性认识进行定量化的过程。人们在分析多个因素时，大脑很难同时梳理那么多的信息，而层次分析法的优势就是通过对因素归纳、分层，并逐层分析和量化事物，以达到对复杂事物的更准确认识，从而帮助决策。

二、AHP 法信用评分实例分析

AHP 法在信用评分中，主要的作用是根据专家打分情况计算各指标的权重。

在层次分析法中，需要 MATLAB 的地方主要就是将评判矩阵转化为因素的权重矩阵。

将评判矩阵转化为权重矩阵，通常的做法就是求解矩阵最大特征根和对应特征向量。如果不用软件来求解，可以采用一些简单的近似方法来求解，比如"和法""根法""幂法"，但这些简单的方法依然很烦琐。所以建模竞赛中依然建议采用软件来实现。如果用 MATLAB 来求解，就不用担心具体的计算过程，因为 MATLAB 可以很方便、准确地求解出矩阵的特征值和特征根。但需要注意的是，在将评判矩阵转化为权重向量的过程中，一般需要先判断评判矩阵的一致性，因为通过一致性检验的矩阵，得到的权重才更可靠。

下面以一个实例来说明如何应用 MATLAB 来求解权重矩阵，具体程序见表 8-1。

运行该程序，可得到以下结果：

该判断矩阵权向量计算报告：

一致性指标：0.0046014

一致性比例：0.0079334

一致性检验结果：通过

特征值：3.0092

权向量：0.58763　　　0.32339　　　0.088983

当确定权重后，就可以逐级将总分分配给各个指标，再对各指标的得分档进行设计，就可以得到专家打分卡或称为信用评分卡。

表 8-1　MATLAB 求解权重矩阵具体程序

程序编号	P14-1	文件名称	AHP.m 说明	AHP 法 MATLAB 程序

```
%%AHP 法权重计算 MATLAB 程序
%%数据读入
clc
clear all
A=[ 1 2 6;1/2 1 4;1/6 1/4 1];%评判矩阵
%%一致性检验和权向量计算
[n,n]=size(A);
[v,d]=eig(A);
r=d(1,1);
CI=(r-n)/(n-1);
RI[0 0 0.58 0.90 1.12 1.24 1.32 1.41 1.45 1.49 1.52 1.54 1.56 1.58 1.59];
CR=CI/RI(n);
if CR<0.10
CR-Result='通';
else
CR-Result='不通过';
End


%%权向量计算
w=v(:,1)/sum(v(:,1));
w=w';


%%结果输出
disp('该判断矩阵权向量计算报告:-);
disp(['一致性指标:'num2 str(CI)]);
disp(['一致性比例:'num2 str(CR)]);
disp(['一致性检验结果:'CR Result]);
disp(['特征值:'num2 str(r)]);
disp(['权向量:'num2 str(w)]);
```

三、延伸：企业信用评级

所谓信用评级，是指由专门从事信用评估的独立部门或者机构，运用科学的指标体系、定量分析和定性分析相结合的方法，通过对企业、债券发行者、金融机构等市场参与主体的信用记录、企业素质、经营水平、外部环境、财务状况、发展前景以及可能出现的各种风险等进行客观、科学、公正的分析研究之后，就其信用能力（主要是偿还债务的能力及其可偿债程度）所做的综合评价，并用特定的等级符号标定其信用等级的一种制度。穆迪公司 1994 年在《全球信用分析》一书中指出："评级之目的，在于设定一种指标，预测债券发行人未付、迟付或欠付而可能遭至的信用损失。所谓信用损失，一般系指投资人实际收到与发行人约定给付发生金钱短少或延期。"按照美国《银行和金融大百科全书》的定义，信用评级是以一套相关指标体系为考量基础，标示出个人和经济体偿付其债务的能力（偿付历史记录）和意愿的值。

信用评级有广义与狭义之分，狭义是指对企业的偿债能力、履约状况、守信程度的评价，广义上则指各类市场的参与者（企业、金融机构和社会组织）及各类金融工具的发行主体履行各类经济承诺的能力及可信任程度。国际上企业征信服务起源于 19 世纪初。当时，世界上的主要资本主义国家的市场秩序非常混乱，面临着信用状况恶劣的市场交易环境和企业注册不规范等一系列问题。当时，通信技术落后，没有有效的企业资信信息传播渠道，许多大型企业却有了解交易对方企业基本情况的强烈需求。因此，企业征信服务应运而生，应该说企业征信服务是信用管理业务的第一个品种。

数据挖掘对银行业务具有极大的重要性。对于数据挖掘项目来说，最关键的其实不只是算法，还有很多环节，如业务理解、数据的建模与准备等。在商业项目中，数据挖掘算法所占比例是很小的。对业务知识的了解，在数据挖掘中是很重要的工作。数据挖掘商业项目的要求比较高，真正想要做好并不容易。想要做好商业数据挖掘，就必须要求对业务的了解相当深入。数据挖掘要求项目团队对业务深入了解，同时也要求项目团队具有丰富的数据挖掘的应用经验，有些项目对数据挖掘的技术和方法的要求也很高。只有这样具备诸多条件，才能做好数据挖掘商业项目。

第二节　数据挖掘技术在生命科学中的作用

生命科学中的生物信息学是利用计算机技术对生物信息数据进行提取和处理的学科。随着基因组计划的发展，生物的数据量和数据库都非常庞大，因此迫切需要更高的技术来更有效地挖掘数据。因此，数据挖掘技术和生物信息学的结合是必然的结果，随着数据挖掘技术应用的深入，更好地了解数据挖掘和生物信息学的知识以及应用，对生命科学的发展将会有很大的促进作用。

一、生命科学的研究内容

广义上讲，生物信息学（Bioinformatic）是将计算机科学和数学应用于生物大分子信息的获取、加工、存储、分类、检索与分析，以达到理解这些生物大分子信息的生物学意义的交叉学科[①]。这一定义主要包含了3层意思，一是需要利用计算机及其相关技术来进行研究；二是对海量数据进行搜集、整理；三是分析这些数据，并从中发现新的规律。另外，从基因分析角度来讲，生物信息学主要是指核酸与蛋白质序列数据、蛋白质三维结构数据的计算机处理和分析[②]。

生物信息学近几年获得突破性进展，随着基因组研究的进展，积累了各种大量的生物数据，提供了揭开生命奥秘的数据基础。而随着生物数据种类的丰富以及数据量的增大，如何更有效地处理、挖掘、分析和理解这些数据日益迫切。

---

① 何红波，谭晓超，李斌，李义兵. 生物信息学对计算机科学发展的机遇与挑战 [J]. 生物信息学，2005（1）.
② 杨炳儒，胡健，宋威. 生物信息数据挖掘技术的典型应用 [J]. 计算机工程与应用，2007（2）.

二、生命科学中大数据的特征分析

生命科学的数据来源和形式多样，包括基因测序、分子通道、不同的人群等。如果研究人员能够解决这一问题，这些数据将转变成潜在的财富，即问题在于如何处理这些复杂的信息。当下，相关领域期待那些能分析大数据，并将这些数据转换成更好理解基础生命科学机制和将分析成果应用到人口健康中的工具和技术的面市。

（一）生命科学中大数据"量"的持续增加

数十年前，制药公司就开始存储数据。位于美国波士顿的默克公司研究实验室（Merck Research Labs）的副董事 Keith Crandall 表示，默克公司在组织成千上万病患参加的临床试验方面已经进展了好些年，并具有从数百万病患的相关记录中查出所需信息的能力。目前，该公司已经拥有新一代测序技术，每个样本都能产生兆兆位的数据。面对如此大数量级的数据，即使是大型制药公司也需要帮助。例如，来自瑞士罗氏公司的 Bryn Roberts 表示，罗氏公司一个世纪的研发数据量相比 2011—2012 年在测定成千上百个癌细胞株的单个大规模试验过程中产生的数据，前者只是后者的两倍多一些而已。Roberts 领衔的研究团队期望能从这些存储的数据中挖掘到更有价值的信息。因而，该团队与来自加利福尼亚州的 PointCross 公司进行合作，以构建一个可以灵活查找罗氏公司 25 年间相关数据的平台。这些数据，包括那些成千上万个复合物的信息，将利用当下已获得的知识来挖掘进而开发新药物。

为了处理大量数据，一个生物学研究人员并不需要像公司一样需要一个专门的设备来处理产生的数据。例如，Life Technologies 公司（目前是 Thermo Fisher Scientific 公司的一部分）的 Ion 个人化操作基因组测序仪（Ion Personal Genome Machine）。这一新设备能够在 8 小时以内测序多达 2GB。因而可在研究人员的实验室操作。Life Technologies 公司还有更大型的仪器，4 小时以内测序可高达 10GB。

也有研究人员期望看到在卫生保健方面基因组数据能产生越来

多的影响。例如，遗传信息可揭示生物标志物，或某些疾病的指示物（某些分子只出现在某些类型的癌症中）。英国牛津大学维康信托基金会人类遗传学中心（Wellcome Trust Centre for Human Genetics）的基因组统计学教授 Gil McVean 表示，基因组学为人类了解疾病提供了强有力的依据。基因组学可以为人类找到与某类疾病相关的生物标志物，并基于这一标志物进行靶向治疗。

（二）生命科学中大数据分析的高速性

过去，分析基因相关数据存在瓶颈。马里兰州的 BioDatomics 董事 Alan Taffel 认为，传统的分析平台实际上约束了研究人员的产出（产能），因为这些平台使用起来困难且需要依赖生物信息学人员，因而相关工作执行效率低下，往往需要几天甚至几周来分析一个大型 DNA。

鉴于此，BioDatomics 公司开发了 BioDT 软件，其为分析基因组数据提供了 400 多种工具。将这些工具整合成一个软件包，使得研究人员很容易使用，且适用任何台式电脑，且该软件还可以通过云存储。该软件相比传统系统处理信息流的速度快 100 倍以上，以前需要一天或一周，现在只需要几分钟或几个小时。

有专家认为需要测序新工具。新泽西州罗格斯大学电子计算工程系的副教授 Jaroslaw Zola 表示，根据数据存储方式、数据转换方式和数据分析方式，新一代测序技术需要新计算策略来处理来自各种渠道的数据。这意味着需要生物研究人员必须学习使用前沿计算机技术。然而，Zola 认为应该对信息技术人员施加压力，促使他们开发出让领域专家很容易掌握的方法，在保证效率的前提下，隐藏掉算法、软件和硬件体系结构的复杂性。目前，Zola 领衔的团队正致力于此，研发新型算法。

（三）生命科学中大数据的多变性

生物学大数据还体现出新型可变性，例如，德国 Definiens 的研究人员分析的组织表型组学（Tissue Phenomics），也就是一个组织或器官样本构造相关的信息，包括细胞大小、形状，吸收的染色剂，细胞相互联系的物质等。这些数据可以在多个研究中应用，例如追踪细胞在发育过程中特征变化的研究、测定环境因素对机体的影响，或测量药物对某些器官/组织的细胞的影响等。

结构化数据，例如数据表格，并不能揭示所有信息，比方药物处理过程或生物学过程。实际上，生活着的有机体是以一种非结构化的形式存在，有成千上万种方式去描述生物过程。默克的 Johnson 认为有点像期刊文本文档，很难从文献中挖掘数据。

其他一些公司致力于挖掘现有资源，以发现疾病的生物学机制，基于此来研究治疗疾病的方法。汤森路透位于硅谷的 NuMedii 公司，致力于寻找现有药物的新用途，又称为药物再利用（Drug Repurposing）。NuMedii 的首席科学家 Craig Webb 表示，使用基因组数据库，整合各种知识来源和生物信息学方法，快速发现药物的新用途。之后，该公司根据该药物原有用途中的安全性来设计临床试验，这样研发药物的速度快而且成本低。Webb 描述了该公司的一个项目：研究人员从 2500 多种卵巢癌样本中搜集基因表达数据，再结合数种计算机算法来预测现有药物是否具有治疗卵巢癌或治疗某种分子亚型卵巢癌的潜力。

（四）生命科学中大数据的复杂性

诺华公司的生物医学研究所（Novartis Institutes for BioMedical Research，NIBR）的信息系统的执行主任 Stephen Cleaver 在三 V 的基础上还增加了复杂性（Complexity）。他认为制药公司的科研人员通过某些病患个体，到某些病患群再到整合所掌握的各种分析数据，这一过程很复杂。在卫生保健领域，大数据分析的复杂性进一步增加，因为要联合各种类型的信息，例如基因组数据、蛋白组数据、细胞信号传导、临床研究，甚至需要结合环境科学的研究数据。

三、数据挖掘技术在生命科学中的作用

随着数据挖掘技术的迅猛发展以及生物学研究领域的扩展，数据

挖掘技术在生命科学中的应用也越来越广泛，具体表现在以下 4 个方面。

（一）DNA 序列相似搜索与比对

DNA 序列间相似搜索与比对是基因分析中最为重要的一类搜索问题。这个研究主要是搜索、比对来自带病组织和健康组织的基因序列，比较出两者的主要差异。主要过程是：首先，从两类基因中检索出基因序列，然后找出每一类中频繁出现的模式。在通常情况下，带病样本中比较出超出健康样本的序列，可以认为是致病基因；同样地，在健康样本中出现超出带病样本的序列，可以认为是抗病基因①。

当然，基因分析所需的相似搜索技术与时序数据中使用的方法不同，因为基因数据是非数字的，其内部核苷酸之间的精确交叉起着重要的功能角色。因此，DNA 序列相似搜索技术对于人才和工具都有很高的要求，难度也就相应加大了。

（二）微阵列数据分析

微阵列（Microarray）是分子生物学领域至今以来最为重大的发现之一②。截至 2003 年，一个微阵列可最多同时表达 30000 个基因信息③。但是，随着基因组计划的发展，基因信息量的不断加大，如何更好地分析这样的海量数据，正是微阵列数据分析需要解决的问题。

数据挖掘在微阵列数据分析中的主要应用有：基因的选取，即如何从成千上万个基因中选择与需要分析的任务最相关的基因；分类和预测，即根据基因的表达模式对疾病进行分类；聚类，即发现新的生物类别或对已有的类别进行修正。

---

① 向昌盛. 数据挖掘在后基因组时代生物信息学中的应用［J］. 怀化学院学报，2007（5）.

② Schena M., Shalon D., Davis R. W. Quantitative monitoring of gene expression patterns with a DNA microarray［J］. Science，1995.

③ Piatesky-Shapiro G., Tarnayo P. Microarray data mining：facing the challenges［J］. SIGKDD Explorations，2003.

（三）蛋白质结构预测

蛋白质是人体的重要组成之一，而蛋白质的结构又决定了蛋白质的生物功能。因此，掌握蛋白质的结构具有重要的意义。目前，通过试验测定的蛋白质结构和真实的蛋白质序列差别较大，仅仅靠实验来测定蛋白质结构是不能满足需要的。因此，迫切需要一种高级的蛋白质结构预测方式来进行蛋白质结构预测。

蛋白质结构预测主要包括二级结构预测和三级结构预测[①]。二级结构是指组成蛋白质的肽链中局部肽段的空间构象，它们是完整肽链构象的结构单元[②]，而三级结构正是指完整肽链构象。近年来，神经网络和支持向量机在蛋白质二级结构的预测中有较好的效果。这两项技术的优点在于：完全依赖于氨基酸序列，而不需要其他复杂的领域。缺点在于：它们还是基于试验的，试验结果的可理解性也较差。而遗传算法在三级结构中应用较多。主要原理是用三维笛卡儿坐标和二面角来表示蛋白质，易于操作，但缺点是会得到很多无效蛋白质构象。

（四）生物数据可视化

生物数据的海量以及数据库的庞大，增加了基因分析的复杂性。而大多数生物学知识既不能像物理学那样以数学公式表示，又不能像计算机学那样以逻辑公式表示。因此，采用可视化工作可以方便观察和研究生物数据，促进模式的理解、知识发现和数据交互。

可视化应用的主要需求有以下3点：①进行序列操作和分析的图形用户界面，通过便捷的桌面工具进行数据的浏览和与数据间的互动。②专门的可视化技术，灵活运用图形、颜色和面积等方法对大量的数据进行描述，最大限度地利用人类的感官对特征和模式进行挑选。③可视编程，属于特殊的、高级的、领域专有的计算机语言的图形描述算法。

目前，主要的可视化工具有图、树、方体和链。具体来说，已经

---

① 李佳，江涛. 生物信息数据挖掘应用研究［J］. 中国科技信息，2009（20）.
② 李佳，江涛. 生物信息数据挖掘应用研究［J］. 中国科技信息，2009（20）.

采用简单图形显示提供聚类结果的途径，对大规模基因表达原始数据的可视化，并链接标注过的序列数据库，有助于从新的视角看待基因组水平的转录调控并建立模型①。

---

① 彭佳红，张铭. 数据挖掘技术及其在生物信息学的应用 [J]. 湖南农业大学学报（自然科学版），2004（1）.

参考文献

［1］罗鑫. 浅谈大数据分析在生态林业上的运用［J］. 低碳世界，2018（4）.

［2］范理信，党琦，鲁钊. 浅谈大数据时代下天地图·湖北的发展［J］. 地理空间信息，2018（4）.

［3］郭显娥. K-Means 优化算法的 R 语言实现［J］. 山西大同大学学报（自然科学版），2018（4）.

［4］李燕梅. 基于 Hadoop 平台的数据挖掘系统的分析与设计［J］. 电脑与信息技术，2018（4）.

［5］易三莉，杨静，姚旭升，等. 基于 HITON-PC 算法的医院病案首页数据挖掘［J］. 软件导刊，2018（4）.

［6］张晓克，郑志翔，朱行涛. 基于大数据技术的网络信息体系［J］. 科技风，2018（4）.

［7］定会. 基于大数据的 Web 数据集成及数据挖掘技术的研究［J］. 电脑迷，2018（3）.

［8］张晓克，郑志翔，朱行涛. 基于大数据技术的网络信息体系［J］. 科技风，2018（4）.

［9］戴明锋，孟群. 医疗健康大数据挖掘和分析面临的机遇与挑战［J］. 中国卫生信息管理杂志，2017（4）.

［10］赵俊华，董朝阳，文福拴，等. 面向能源系统的数据科学：理论、技术与展望［J］. 电力系统自动化，2017（2）.

［11］杜江毅，边馥苓. 面向大数据的空间数据挖掘综述［J］. 地理空间信息，2017（1）.

［12］梁吉业. 大数据挖掘面临的挑战与思考［J］. 计算机科学，2016（7）.

［13］李世锋. 大数据时代人工智能在计算机网络技术中的应用

[J]. 电子技术与软件工程, 2017（12）.

[14] 杨东红, 时迎健, 雷鸣, 等. 大数据和企业精准营销相关性分析 [J]. 沈阳工业大学学报（社会科学版）, 2017（7）.

[15] 黄志凌. 大数据思维与数据挖掘能力正成为大型商业银行的核心竞争力 [J]. 征信, 2016（6）.

[16] 何清, 敖翔, 庄福振, 等. 一种基于 Hadoop 的大数据挖掘云服务及应用 [J]. 信息通信技术, 2015（12）.

[17] 贺德才. 探析计算机网络技术在电子信息工程中的应用研究 [J]. 电子测试, 2016（10）.

[18] 李世锋. 大数据时代人工智能在计算机网络技术中的应用 [J]. 电子技术与软件工程, 2017（12）.

[19] 刘梦飞. 大数据背景下计算机网络信息安全风险及防护措施 [J]. 现代工业经济和信息化, 2017（12）.

[20] 李艳, 吕鹏, 李珑. 基于大数据挖掘与决策分析体系的高校图书馆个性化服务研究 [J]. 图书情报知识, 2016（3）.

[21] 秦文哲, 陈进, 董力. 大数据背景下医学数据挖掘的研究进展及应用 [J]. 中国胸心血管外科临床杂志, 2016（1）.

[22] 赵蓉英, 魏绪秋. 计量视角下的我国人文社会科学领域大数据研究热点挖掘与分析 [J]. 情报杂志, 2016（2）.

[23] 高强, 张凤荔, 王瑞锦, 等. 轨迹大数据：数据处理关键技术研究综述 [J]. 软件学报, 2016（11）.

[24] 夏大文. 基于 MapReduce 的移动轨迹大数据挖掘方法与应用研究 [J]. 西南大学, 2016（4）.

[25] ViktorMayer-Schnberger, Kenneth Cukier. 大数据时代：生活、工作与思维的大变革 [M]. 盛杨燕, 等, 译. 杭州：浙江人民出版社, 2013.

[26] 蔡斌, 陈湘萍. Hadoop 技术内幕——深入解析 Hadoop Common 和 HDFS 架构设计与实现原理 [M]. 北京：机械工业出版社, 2013.

[27] 陆嘉恒. Hadoop 实战 [M]. 第2版. 北京：机械工业出版

社，2012.

[28] ［美］Nick Dimiduk，Amandeep Khurana．HBase 实战［M］．谢磊，译．北京：人民邮电出版社，2013.

[29] 周春梅．大数据在智能交通中的应用与发展［J］．中国安防，2014（6）.

[30] 刘鹏，黄宜华，陈卫卫．实战 Hadoop［M］．北京：电子工业出版社，2011.

[31] 姚宏宇，田溯宁．云计算：大数据时代的系统工程［M］．北京：电子工业出版社，2013.

[32] 罗燕新．基于 HBase 的列存储压缩算法的研究与实现［M］．广州：华南理工大学出版社，2011.

[33] 项亮．推荐系统实践［M］．北京：人民邮电出版社，2012.

[34] 于俊，向海，代其锋，等．Spark 核心技术与高级应用［M］．北京：机械工业出版社，2016.

[35] 孟小峰，慈祥．大数据管理：概念、技术与挑战［J］．计算机学报，2013（8）.

[36] 黄宜华．深入理解大数据——大数据处理与编程实践［M］．北京：机械工业出版社，2014.

[37] Anand Rajaraman，Jeffrey David Ullman．大数据：互联网大规模数据挖掘与分布式处理［M］．王斌，译．北京：人民邮电出版社，2013.

[38] 胡铮．物联网［M］．北京：科学出版社，2010.

[39] 王鹏．云计算的关键技术与应用实例［M］．北京：人民邮电出版社，2010.

[40] 秦萧，甄峰．大数据时代智慧城市空间规划方法探讨［J］．现代城市研究，2014（10）.

[41] 王道远．Spark 快速大数据分析［M］．北京：人民邮电出版社，2015.

[42] Quinton Anderson．Storm 实时数据处理［M］．卢誉声，译．北京：机械工业出版社，2014.

［43］范凯. NoSQL 数据库综述［J］. 程序员, 2010 (6).

［44］任磊, 杜一. 大数据可视分析综述［J］. 软件学报, 2014 (9).

［45］袁晓如. 大数据可视分析［N］. 第一届科学大数据大会, 北京, 2014.

［46］陶雪娇, 胡晓峰. 大数据研究综述［J］, 系统仿真学报, 2013 (1).

［47］钱贺斌. 数据挖掘—大数据时代的重要工具［J］. 中国科技信息, 2013 (16).

［48］朱扬勇. 特异群组挖掘: 框架与应用［J］. 大数据, 2015 (02).

［49］文勇. 数据挖掘在风险导向审计中的应用［J］. 中国内部审计, 2013 (6).

［50］韩治. 数据挖掘技术及其应用研究［J］. 信息通信, 2013 (6).

［51］范薇. 数据挖掘在客户管理中的应用研究［J］. 中国科技信息, 2013 (11).

［52］秦秀洁. 数据挖掘流程改进研究［J］. 河南科学, 2013 (6).

［53］张旺军. 基于云计算的物联网数据挖掘模式分析［J］. 网友世界, 2013 (13).

［54］张俊芝. 银行业中的数据挖掘技术［J］. 合作经济与科技, 2013 (17).

［55］王继娜. 浅谈数据挖掘与知识发现［J］. 内蒙古科技与经济, 2013 (11).

［56］杨波, 李桂伦, 王云龙. 浅议数据挖掘方法［J］. 科技致富向导, 2013 (11).

［57］张晓华, 郭喜超, 郑爱军, 等. 浅谈数据挖掘［J］. 科技创新导报, 2013 (12).

［58］阿里巴巴集团数据平台事业部商家数据业务部. Storm 实

战：构建大数据实时计算［M］. 北京：电子工业出版社，2014.

［59］徐文青. 数据挖掘中聚类分析的研究［J］. 科技创业家，2013（11）.

［60］李洋. 基于神经元网络的客户流失数据挖掘预测模型［J］. 计算机应用，2013（S1）.

［61］王众托. 教育数据挖掘与知识发现［J］. 基础教育课程，2013（Z1）.

［62］曹伟. MySQL 云数据库服务的架构探索［J］. 程序员，2012（10）.

［63］Eric Redmond. 七周七数据库［M］. 王海鹏，等，译. 北京：人民邮电出版社，2013.

［64］陆嘉恒. 大数据挑战与 NoSQL 数据库技术［M］. 北京：电子工业出版，2013.

［65］肖同林. 基于关联规则的超市营销策略研究［J］. 今日中国论坛，2013（11）.

［66］孙晓林，张建洋，李娟. Web 挖掘技术应用探究［J］. 福建电脑，2013（6）.

［67］张娅妮. Web 数据挖掘技术在电子商务中的应用［J］. 福建电脑，2013（5）.

［68］胡德森. 数据挖掘技术在电子商务中的应用［J］. 电子制作，2013（10）.

［69］赵美艳. 浅谈数据挖掘研究及其应用［J］. 电子世界，2013（12）.

［70］朱金坛. 数据挖掘 Apriori 算法的改进［J］. 电子设计工程，2013（15）.

［71］王蕾，戎杰. 数据挖掘在金融风险管理中的应用［J］. 产业与科技论坛，2013（10）.

［72］李明江，唐颖，周力军. 数据挖掘技术及应用［J］. 中国新通信，2012（22）.

［73］舒正渝. 浅谈数据挖掘技术及其应用［J］. 中国西部科技，2010（5）.